魁山侨屋漫话

姚斌 ◎ 著

海峡出版发行集团
海峡文艺出版社

  谨以此书献给吃苦耐劳、爱国爱乡,为实现中华民族的伟大复兴建设繁荣、富庶、美丽家园的父老乡亲!

魁山与蒜溪隔空对话（朱少钦摄）

◎ 序

道城

　　故园——家乡在每个人的心中总有说不完、道不尽的情与义、爱与美、恩与愁、思与念……但无论何种情感，总归于心里头念兹在兹的那份家国情怀！

　　沐浴着改革开放的春风，近年来，中华大地上雨后春笋般地涌出了许多各具特色、各领风骚、各展神韵的"美丽乡村"，而这些"美丽乡村"成就了许多人无限向往的故园情、家国梦。十分荣幸的是，在各级党委政府和民间组织的倾情打造下，我的家乡——莆田市涵江区江口镇十里蒜溪风光带也成为人们邀约打卡、驱车驻足、游览忘返的"美丽乡村·幸福家园"。

　　小时候常听说：涵江有"小上海"之称，而蒜溪之畔的东大村东源是山旮旯里的"小上海"，缘于东源有数十栋百年左右历史的"百廿间""大宅里""洋灰厝"

等中式、洋式或中西合璧风情的华侨民居。只是在那些特殊时期和温饱失衡的年代，基础设施落后，交通不便，人们还不太关注乡村的美丽，也不太追寻美丽乡村。如今，赶上了惊艳蝶变的好时代，拂去岁月的烟云，十里蒜溪以其特有的自然和人文景观吸引了海内外宾客慕名前来，且常常呈现出游人如织的火热场景。其中东源华侨民居无疑是最让人难以忘怀并津津乐道的"山水间的家"。

为了收集、整理、挖掘、提炼并真实还原自然人文景观，乡里才俊姚斌先生受各方的举荐，义无反顾地担当起主事主笔。他不辞辛劳，历经三年，通过走访考证、比对甄别、去伪存真等，全景式记录了在全国著名侨乡中出类拔萃的东源连片华侨民居的概要、形制、传略及风物风貌等。这些侨屋是华侨华人爱国爱乡的见证，也是侨胞们心怀中的乡愁记忆，每一栋侨屋都有着精美动人的故事。可以说侨屋是侨胞"根"的象征、"脉"的传承、"魂"的皈依，保护好特色侨屋是一项留根工程、聚侨工程，不但可以唤起后人对华侨前贤的颂扬追忆，更能激发旅外侨胞对故乡、对祖籍国的浓浓游子意和深深爱国情！

文章千古事，句句总关情。要写成一篇可读性强的好文章不易，要出版一本有意义的好书更难，而姚斌先生为东源华侨民居所撰写的这些文章颇具导读性、解说性和史料参考价值，相信会得到广泛的认可与推崇，可供人参阅与借鉴。

蒜溪之畔已是"全国乡村治理示范村""福建省乡村振兴示范村""福

建省金牌旅游村""福建省省级传统村落""福建最美乡村",小桥、流水、山野,古树、古厝、古驿道……构成了恬谧静美的山水画卷,中央电视台和地方各种新闻媒体也经常对其做专题宣传报道。愿《魁山侨屋漫话》这本书助您感知"十里蒜溪景,百年南洋风,千载驿道情"的昨天、今天和明天,并共同探寻它的过去、现在和未来!

真心真意叙真情,叙为媒,媒为序。

连绵群山孕育蒜溪（蔡昊摄）

◎ 前言　弹响七弦琴

2018年的一天，有乡友将我的《华侨民居简述》及采访手记转发给章汉先生，立即引起了他的兴趣。于是他从福州赶回莆田江口老家，约我在岱麓山庄见面。章汉与我虽不是同一个自然村的，却属于同一个行政村。年幼时我曾在章汉家玩过，他是"老三届"，年长我十五六岁，1978年考进福建师范大学中文系，毕业后就进入福建青年杂志社工作了。后来，他担任副社长、副总编。再后来，他又当了福州市文联主席、福建省作家协会副主席。由于各自长年在外，因此我们接触甚少。

岱麓山庄距我家祖屋不过几百米。它原是一座七间厢大厝的护厝，因为福厦动车铁路从这里穿山而过，七间厢大部分被拆，只剩百年大门坦和岱麓山庄得以保存。章汉后来在三间厢的前方筑起围墙，使之形成一个院子，又在院子中间立一影壁，上刻一个大大的"福"字，是从祖上百年前写在天井照壁上的"福"

东大村大岭自然村岱麓山庄鸟瞰（朱少钦摄）

字拷贝刻制的。同时他别出心裁地在院墙上悬挂陈列着各种农具，有小小的镰刀，也有长长的水车，寓意"躬耕"，着意再现晴耕雨读的旧传统。章汉又在下间辟了一小间，用作日常会客室。整个山庄的布局虽简陋却小巧玲珑，弥漫着文化气息，是个"养心"的好去处。

我到了岱麓山庄才知道，原来章汉那时正在筹划建立"福莆古驿道文化研究会"。而我所写的东源华侨民居系列文章，正是其中的研究项目之一。福泉古驿道从福州经福清新厝，翻越福莆岭进入莆田境内第一驿"迎仙驿"江口地界。在这条驿道上，千年间涌现过二十一名状元、两千四百多名进士。他们进京赶考，金榜驰报，回乡省亲或荣归故里。福莆岭不过四五里，却有明代状元周如磐的"武当别院"题匾，纪念闽王赐名翁承赞故里的"光贤亭"，朱熹结庐讲学的"草堂山"遗址和"紫阳朱先生书院"旧碑。"驿道上每一块石头翻起来都可能藏有故事。"章汉准备在这些旧石头湮没处重修一条驿道，象征古今衍脉。这里有动静虚实相依相生的"七条线"：兴化湾海岸线、324国道、福厦高速公路、福厦铁路、海上丝绸之路、福泉古驿道，外加一条蒜溪。七条线在福莆岭上下前后立体交叉，形成独特的时空景观，章汉将之喻为"七弦琴"。弹响这把七弦琴意义重大，得到了省、市、区、镇各级相关领导的认可。

章汉邀我加入研究会，我诚惶诚恐。实际上之前我从未涉猎过文

▎岱麓山庄（朱少钦摄）

▍东大村游客服务中心、党群服务中心（东大村供图）

化领域，并且写这种文章也非我的长项。我原以为只是写一些民居的简介，却未料其难度超乎我的想象。按我的理解，民居简介应该由两个部分组成，一是建筑历史，一是建筑风格。但是，建筑历史因年代久远，显然已经残缺不全，拼接不易；而建筑风格则涉及建筑学知识，这方面的储备我很空洞，几乎为零。对于建筑历史，现在我只能通过大量的采访来还原；对于建筑风格，也只能通过恶补建筑学的基本知识来解决。

  采访也是一件很有趣的工作，随着采访的深入，有的历史逐渐浮现，有的历史依旧深潜。比如，大名鼎鼎的万丰隆有限公司在南洋实际上有两个，一是福清新厝江兜王氏家族的万丰隆，一是东源姚氏家族的万丰隆，人们往往将这两个万丰隆混淆在一起。然而，传说东源姚氏源自江兜，其间有着千丝万缕的关联。这样看来，两个万丰隆的

▌蒜溪公园主景区（江口镇供图）

同时出现意味深长。是什么原因导致王氏和姚氏同时冠名"万丰隆",目前尚未得知。有意思的是,姚为祺当年回国后引领乡亲下南洋时,带走的就有江兜王氏中人。

在采访中,我还注意到,除了最早的万丰隆公司外,后来成立的许多公司冠名为"万裕隆""万瑞隆"等,只在中间改一个字,前后两个字则保留不变。这很让我困惑。这个问题最终在姚顺的嫡孙姚子禄先生那里得到答案。原来万丰隆公司有一条规则,凡是万丰隆股东本人或后代,愿意独自经营的,皆由公司出资。这就解释了上述现象。可为什么乡亲为公司冠名也喜欢以"万"字开头呢?我估计,可能是万丰隆声名卓著,其他人竭力仿效的缘故。

许多人可能认为"富不过三代"是令人十分遗憾的事,然而就我所知,东源华侨的"富"甚至都难以超过一代。东源华侨绝大部分坚韧不拔、艰苦创业并且谨慎守业,却敌不过政治风云的变幻,先后两

▎福莆岭古驿道穿村而过(朱少钦摄)

次遭遇重创。第一次在"二战"中，日军侵入南洋后，华侨的大量房产和财产被抢或被毁。"二战"后，东源华侨东山再起。但是在20世纪60年代却遭遇大规模的排华事件，大量的房产和财产被抢或被毁，致使许多华侨从此一蹶不振。最终遗留至今仍然基业长青的，大概只有姚丰隆家族和姚万丰姚友谅家族。看来，富而能过三代，绝对是小概率的事件。

我知道，我所得到的依然只是碎片，真相仍隐藏在前方的浓雾中。但有了父老乡亲的大力支持，又乘着福莆古驿道文化的春风，或许有一天，一幅东源华侨创业史的图景就会展现在我们面前。

章汉的努力没有白费，两年后，以东大村为中心的蒜溪景区逐渐有了雏形，带动周边村庄一起共建幸福家园，共同致富奔小康。而福莆古驿道文化研究也有了初步成果。2022年，多年前由章汉领衔策划、大家群策群力联手编撰的《锦江流韵》终于出版了，它记录着魁山下、蒜溪旁这片热土的辉煌。我很愿意让《魁山侨屋漫话》这本小书成为《锦江流韵》中部分内容的拓展，将其中的精华——东源华侨民居逐一展现出来。

◎ 目录

一 东源华侨民居概述 ……………… 1

二 东源华侨民居简介 ……………… 19

三 东源其他物景 …………………… 91

四 百年韶源小学史略 ……………… 111

五 东源华侨名人传略 ……………… 121

六 侨乡采访手记 …………………… 153

七 东源华侨民居研究 ……………… 183

附录 ………………………………… 193

后记 ………………………………… 218

一

东源华侨民居概述

东源地理环境

东源坐落于魁山之下、蒜溪之旁,与福清市新厝镇交界。魁山之中有一涧,号"东涧",全村人饮水皆出于此,那时就有"东涧淙淙,源远流长"之说,故取村名为"东源"。东源又名"东门",地处福

魁山脚下的东大村（东大村供图）

魁山侨屋漫话

▎东源古秋枫树（蔡昊摄）

泉古驿道上，是东边福清入莆的第一门户。过去祠堂里有旧牌匾曰"天之枢纽""地之经纬"，可见其地理位置之重要。

东源华侨民居聚居处所可追溯至明代，当时一世祖天生公据说由福清新厝江兜迁至东源。若再由此上溯，可至浙江省吴兴郡（今浙江湖州）。唐时姚氏始祖孟瑜公曾官拜参军之职，迁至浙江苕溪。明朝年间，被钦赐进士出身的天明公又迁至福清新厝江兜。韶溪位于今福清市新厝镇江兜村，与东源村仅一山之隔。天生公以"吴兴郡"为郡望，因其地位于韶溪，故称"韶溪堂"，现在韶溪畔仍立有一块大写的"韶溪"石刻。据说姚氏一族因得罪了官府，遂举家迁往东源。为纪念姚氏的所在地，故东源又称"韶源"。

在闽中，古榕往往于立村之时栽植，它见证了古村所经历的风雨沧桑。东源村中有一棵古秋枫树，位于东源村老年协会办公楼旁。秋枫，属大戟科重阳木属植物，常绿或半常绿乔木。树冠伞形，大枝斜展。树皮灰褐色，纵裂。喜阳，稍耐阴。材质优良，坚硬耐用。涵江区林业局曾组织有关专家对该树进行调查论证后预估，认为这株古秋枫大约种植于17世纪初叶，迄今有四百多年的历史，属于福建省二级古树名木。目前这株古秋枫虽经风雨沧桑，但仍枝叶繁茂，生机勃勃。其树高三十余米，枝繁叶茂，造型独特，树冠仿佛华盖。其主干硕大无朋，笔直地耸立着。其根部长着如波浪般起伏的树瘤，或突兀奇崛，或圆如石盘，似硕大的熊掌，又似跃跃之雄狮。这棵古秋枫树现已成为东源一景，是东源村的标志之一，村里人亲切地称它为"高山头"。古秋枫树"阅尽人间春色"，是东源村历史的见证，更象征着东源人奋发向上的精神：一旦扎根，就会顽强生长，势不可挡。近旁又有一古榕，可惜于20世纪90年代自然枯死。其栽种时间与现存的古秋枫树相当，大约是四百年前。由此推算可知，东源建村应不迟于17世纪初叶，系明万历年间，这与族谱记载的时间基本一致。

古人非常注重营建宅居，认为与其家族或个人兴衰关系重大。故在建村选址时"相形取胜"，即通过对附近的山川地形、地貌地理等自然环境进行观察，认真比较，选用优胜之地。东源村北有魁山，西有蒜溪，这就叫作"后有靠，前有照"，背山可御冬季寒流，面水可迎夏季凉风。

东源坐北朝西，村落沿蒜溪北岸依次向魁山延伸铺展，形成北高西低之格局。但是民居建筑大都坐北向南，综合考虑了阳光、风向、水源和地质等诸多因素。蒜溪源出福清东张，蜿蜒曲折自村前流过，最后注入兴化湾。20世纪60年代，政府于上游拦截，筑一水坝，蓄水而成"东方红水库"。这是"近水"。魁山则是东源村遥相远望的大帽山之余脉。魁山高不过两百米，其顶巨石垒垒，旁有"草鞋公逐仔"的神话，又有直通海底溶洞的传说。"魁山蒜水"现已成为东源村的

魁山侨屋漫话

东方红水库（蔡昊摄）

标志。这是"近山"。蒜溪沿岸地势平坦，而且土地肥沃、物产丰富，是理想的耕作之地，非常适宜水稻种作。而魁山脚下林木密布，开垦以后又非常适宜种植龙眼、枇杷等果树。这是"近田"。

除了相形取胜的原则外，还要考虑到政治、军事等方面的因素。东源距江口镇四五千米，东、西、北皆山，只有南面较为平坦。向东与福清市新厝镇交界，这里山势较低，再向前就是浩瀚的兴化湾了。千年古驿道在此翻越，是通向江口镇圩市的唯一通道，故东源有"入莆第一村"之称。向北与福清市东张镇交界，向西则与现涵江区萩芦镇交界，向北与向西皆群山绵延，道路崎岖，行走艰难。东源村选址在古驿道上，这是考虑到"近交通"。

有意思的是，东源自古多和平，历史上政府对东源的管理一直很

| 陈章汉题书的"幸福家园"石刻（陈骋摄）

薄弱。20世纪三四十年代曾经有匪骚扰，但是，太平军不曾到过这里，抗战的烽火也不曾烧到这里。可以说，东源村几近于陶渊明笔下之桃花源，这在近现代中国也算是不大不小的奇迹了。

东源华侨民居形制

东源华侨民居布局看似没有规则，其实是围绕着一个中心，采取类放射式的布局。这个中心就是位于村中心地带的宫庙建筑群。原有的宫庙已于"文革"中被毁，现存的宫庙建筑群系20世纪80年代重建的。宫庙建筑群前有戏台，有广场，即"埕"。埕的面积约两千平方米，古榕和古秋枫树都屹立在埕的西边。

早先东源民居大多为夯土墙，通常是一层楼，局部有阁楼，光线差，

魁山下的东大村古民居（蔡昊摄）

居住条件不好。但是也有建造得规模宏大的，其中最有代表性的大厝是"宅里"，大约建于1850年。宅里是两座七间厢对应，以两边护厝相接，分上厅和下厅，形成上埕和下埕。最繁盛时这里住了十三户人家，后来的东源华侨民居建造者几乎都从这里走出去。追根溯源，"宅里"最终成为东源"古富"的代名词。

20世纪二三十年代，从东源走向南洋的乡亲，在事业有成之后，纷纷回国建造大厝，以改善居住条件。当时建造的房屋总计有三十余座，而那时全村户数不过五十余户，这意味着建房户数超过百分之六十。东源以姚、卢两大姓为主，兼以其他少数姓氏。东源第一座华侨民居是姚为祺故居，其次便是姚裕宝姚裕成昆仲大厝。1930年以前的华侨民居以传统民居为主，1930年以后加入了明显的西洋元素。如此，遂形成了两种建造形式，一是非常传统的民居，一是中西合璧的民居。非常传统的民居以姚丰隆大厝为代表，中西合璧的民居以文德楼为代表。

宅里大厝鸟瞰（东大村供图）

魁山侨屋漫话

东源姚丰隆大厝（百廿间）鸟瞰（朱少钦摄）

姚丰隆大厝，俗称"百廿间"，始建于1926年，系由姚丰隆昆仲所建。姚丰隆大厝由两座五间厢一前一后排列，两边加双层护厝，一直延续至下间双层三间厢。整座大厝呈左右对称的三合院一个、四合院一个的组合，气势宏伟，蔚为壮观。大厝内所有门窗上几乎都配上固定的对联，把古诗和书法欣赏融为一体。木雕中的廊檐、厅堂、门窗、神龛，石雕中的码面、枕石、柱础、天井、石窗以及砖雕、彩绘等装饰，内涵十分丰富，文化底蕴相当丰厚。

文德楼，始建于 1932 年，系姚文德昆仲所建。楼房采取中西合璧的建筑形式，独具异国情调，西方色彩浓郁，造型既新奇浪漫又庄严雄伟，既清新淡雅又新颖别致。文德楼是一座钢筋混凝土结构的住宅。二层有一个攒尖亭子，三层有一对攒尖亭子，错落有致，相映成趣。主人喜好精美装饰和雕刻，装饰和雕花的纹样多采用中国民间文化元素，精心设计所有窗檐门檐的装饰，更显建筑的庄重典雅。其走廊迂回相连，雕花的围檐、围栏和扶梯精美别致，乍看是民族风格，细看却又隐约透着西洋之风。

张灯结彩的东源文德楼（蔡昊摄）

魁山侨屋漫话

姚万丰大厝"五哥六角亭"（东大村供图）

姚万丰大厝，俗称"五哥六角亭"，始建于1926年，系姚万丰、姚友谅所建。姚万丰大厝又是另一个典型，其建筑格局是非常传统的五间厢加两边护厝，再延续至下间双层三厢。然而，主人却别出心裁地在大厝下楼房的南侧两端，分别兴建了西洋楼式的亭子，并高出旁边的三间厢房，成为一对显眼的双层六角亭。其亭顶的大阳台用青绿色葫芦瓷斗围成护栏，华丽精美。

这三座民居现在都成为东源华侨民居的标志性建筑。

东源华侨创业史

东源自古以农耕为主，地瘠民贫。从1892年开始，一些东源人为了摆脱贫困，告别亲人，前赴后继，不惜以身涉险，背井离乡，万里迢迢，漂洋过海，远赴南洋。他们在异国他乡白手起家，艰苦创业，备尝艰辛，成就了一部部商业传奇。但是其中的苦痛和伤痛却无人知晓，其中的故事大都被掩埋在历史的尘埃里。

东源人最早下南洋的是姚为祺。姚为祺于1892年赴马来亚吉隆坡，先是出卖劳力谋生，三年后到一家机器公司学习装配，同时学习修车技术。1899年，他离开机器公司，独自开设福隆兴脚车（即自行车）修理铺。不久，他取得英国名牌自行车的代理权，销售自行车。姚为祺在经营车业的同时，又投身经营橡胶园，仅仅几年就拥有了两百多英亩橡胶园。当时，橡胶树在马来亚还处于试种阶段，他便看到它的前景，这实在是目光如炬。姚为祺事业有成后，一方面捐资支持家乡公益事业建设，一方面提携乡亲至南洋创业。由于他带好了头，家乡人，包括福清新厝江兜王氏，在马来亚、印度尼西亚、新加坡等地经营自行车业以至汽车业的便不断增加。到20世纪30年代，终于形成"兴化帮"，各种车业应有尽有，规模较大的车商超过五千家。经营种类

繁多，如汽车公司、摩托公司、公共巴士公司、罗厘运输公司、汽车零件制造厂、汽车轮胎公司等，与车业有关的各种行业也应有尽有。除了原有的各个国家、地区外，经营范围又扩张到泰国等国家和地区。单就新加坡和马来亚两国，"车商公会"等组织就有三十个以上，以至于福莆仙人在南洋的车业占了绝对的优势地位，姚为祺也被誉为"脚车业始祖"。

姚为祺的族人姚金榜，于民国初年赴马来亚吉隆坡，先跟随姚为祺，后自立门户经营，再创立中和有限公司。中和有限公司从石油、橡胶业务拓展至银行业，生意蒸蒸日上，姚金榜遂成为当时的福莆仙华侨首富，书写了一部商业传奇。20世纪三四十年代，姚金榜的声望如日中天。1934年，他参与创建吉隆坡雪隆兴安会馆，成为马来亚著名侨领，其实力和地位与20世纪80年代名震东南亚的福清林绍良相当。但是姚金榜却于20世纪50年代逃亡法国，最终病逝于斯。据史料可知，他的逃亡与当时的马来亚政府有关。姚金榜是一位爱国亲共人士，1950年回国时，地方政府曾经为他举行了非常隆重的欢迎仪式。

在这个阶段，最值得一提的是万丰隆有限公司。万丰隆公司于20世纪20年代由姚万丰和姚丰隆等人创建。姚万丰和姚丰隆皆出自宅里大厝，他们各取自己名字为公司命名，这就是万丰隆公司的由来。姚丰隆，一名禹，因排行十三，又名禹十三。姚万丰，一名玉，因排行十八，又名玉十八。他们于民国初年到达印度尼西亚望加锡，从经营自行车修理铺开始，发展到创立万丰隆公司。

与此同时，福清新厝江兜的王禄梓也在新加坡成立万丰隆公司。现在尚不清楚为什么王氏公司要取与姚氏公司相同的名字。但是有一点值得关注，江兜王氏与东源姚氏有着千丝万缕的联系。东源姚氏一族的郡望是吴兴郡韶溪堂,而福清新厝江兜王氏一族的郡望竟然也是吴兴郡韶溪堂。据说姚氏先祖入莆后曾居住在新厝江兜,后因官场事发全家被抄,而三个仆人幸免于难,各取"一"字相连,遂为"王"姓,但仍以吴兴郡韶溪堂为郡望。这样看来,王氏公司取与姚氏公司相同的名字,或许是为了标明同理连枝也未可知。这样看来,两个万丰隆同时出现意味深长。什么原因导致王氏和姚氏同时为公司冠名"万丰隆",目前尚未得知。但有意思的是,姚为祺当年回国后引领乡亲至南洋时,带走的就有江兜王氏中人。

除了最早的万丰隆公司外,后来成立的许多公司冠名为"万裕隆""万瑞隆"等,只在中间改一个字,前后两个字则保持不变。这个问题最终在姚顺的嫡孙、原福建林学院教授姚子禄先生(1934—)那里得到答案。原来,万丰隆公司订了一条规则,凡是万丰隆股东本人或后代,愿意出去独自经营的,皆由公司出资。这就解释了上述现象。但是,为什么其他乡亲也喜欢在给公司冠名时以"万"字开头?可能是万丰隆声名卓著,其他人竭力仿效的缘故。

东源华侨大多集中于印度尼西亚的望加锡。万丰隆公司成立后,业务不断扩张,姚万丰姚丰隆就吸引其他堂兄弟加入公司,后来总计有十二个股东,属于典型的家族企业。20世纪二三十年代是万丰隆最美好的时期。堂兄弟们齐心协力、众志成城,公司的业务从自行车修理、零配件及整车销售,拓展至汽车、汽油生意,最后竟然从事汇兑业务,一派欣欣向荣。万丰隆公司以车业为主,他们购买汽车、组建车队,将日用品运至山区销售,然后换回土特产运回望加锡再销售。生意极为兴旺,到20世纪20年代末,公司不断发展,业务延伸至泗水、雅加达诸地。由于万丰隆公司财力雄厚,凡股东欲建房者,皆由公司出

资按股份大小拨款。于是，东源华侨民居开始出现。公司每年都分红，并且在每年春节前给股东在老家坚守的亲人每家汇去两百元国币，而当时一元国币可以买到十三斤猪肉。

万丰隆对其他愿意出去独自经营的股东，一律资助。于是股东们开始逐渐分拆出去独自经营。万丰隆最终只留下姚丰隆一个家族继续维持，直到20世纪60年代。姚万丰分拆出去后，成立了万丰公司，并将公司迁至泗水。姚友谅则创立大名鼎鼎的南洋汽车有限公司。至今许多乡亲到望加锡后，都要到过"南洋"去看看。有人说，没有到过"南洋"，就等于没有到过南洋。其他股东分拆出去后，成立的公司取名时只在中间改一个字，前后两个字则保持不变，比如"万裕隆""万瑞隆"等。东源华侨与万丰隆公司渊源深厚，因此许多乡亲也喜欢在公司冠名时以"万"开头。如前所述，一是表明与万丰隆的关系；一是估计因为万丰隆声名卓著，他们也想竭力仿效。除了上述几位侨领外，东源还有一些华侨也相当出色，比如姚裕宝姚裕成昆仲、黄金榜、郭厝利、姚丰以及卢善美等，可惜他们存世的资料尚未收集齐全，因此未能做进一步的概述。

许多人可能认为"富不过三代"是十分令人遗憾的事，而东源华侨的"富"甚至几乎都没有超过一代。东源华侨绝大部分坚韧不拔、艰苦创业并且谨慎守业，却敌不过政治风云的变幻。东源华侨先后两次遭遇重创，第一次在"二战"中，日军侵入南洋后，华侨的大量房产和财产被抢或被毁。"二战"后，东源华侨东山再起，但是在20世纪60年代遭遇大规模的排华事件，大量的房产和财产同样被抢或被毁，致使许多华侨从此以后一蹶不振。最终，遗留至今且仍然基业长青的大概只有姚丰隆家族和姚万丰姚友谅家族。看来，富而能过三代绝对是小概率事件。

　　东源华侨在家乡建造了大量的房屋，同时也在家乡做了大量的公益事业。比如，姚为祺公子姚瑞汉为老家建造祠堂、赠送农具。万丰隆股东姚文霖、姚顺兴办韶源小学，这是当时全县第一所农村小学。1950年姚顺又倡议集资兴办莆田平民医院，并担任第一任董事长。莆田平民医院现在已经是二级甲等医院，七十余年来一直在家乡服务乡亲，救死扶伤。姚丰隆的孙辈姚子兴更是捐资助建医院。他们心系故园，深受公众好评。

　　姚春荣也值得大书特书。他早年远赴南洋，先在万丰隆公司做事，后独立经营。20世纪50年代是姚春荣经营的企业最美好的年代。那时他进入银行业，曾经开过九家银行，控制了印度尼西亚望加锡地区的金融业。1962年，姚春荣回国探亲，目睹了乡亲们实际的生活状况。于是，他从日本购买化肥一百多吨运送回国，捐献给家乡人民。那时，一斤化肥价值人民币十五元，一百多吨化肥高达三百多万元。姚春荣的义举得到了当时莆田县人民政府的表彰，获得了父老乡亲的广泛赞誉。

　　如果说姚春荣是老一辈爱国爱乡华侨的典范，那么他的侄儿姚孙华则继续发扬了他的风范。姚孙华是姚春荣家族后裔中最出色的人士之一，青年时代开始创业，创建了一家包装公司，获得了成功。然后报效家乡，热心家乡的公益事业，捐资助学，修桥铺路，扶危济困。姚孙华的儿子姚志通也在北京创建了一家珠宝公司，他继承其父的遗志，同样热心公益事业。

　　东源华侨的后裔现在依然遍布印度尼西亚各地，但仍以望加锡为最多，估计有两三万人之众，大大超过了在家乡的居民人数。他们当中大部分人依然坚守祖业,勤奋工作,谨慎经营。

东源人走出家乡、走向世界已经超过百年。在这百年的峥嵘岁月中,东源人艰苦创业,砥砺前行。他们取得了丰硕的成果后,又回到家乡,报效祖国,反哺家乡,谱写了一曲曲壮丽的凯歌,让人们难以忘怀。这就是百年南洋风,是坚韧不拔之风,是爱国爱乡之风,它是中华民族的一幅缩影,永远激励着后人。

半个世纪前陈章汉手书的励志标语(陈骋摄)

二 东源华侨民居简介

宅里大厝

　　始建于1850年，系姚氏世字辈世元昆仲所建。宅里大厝由两座一层七间厢加下间护厝相对合围而成，形成一个闭合的四合院，形制独特，酷似"围龙"。宅里大厝分上埕和下埕，并且引东涧之水于上埕和下埕之间贯穿而过，这就是所谓的"玉带盘腰"。在东西护厝中

宅里大厝（东大村供图）

魁 一 山 一 侨 一 屋 一 漫 一 话

▎宅里大厝（东大村供图）

间各设置一个大门，使之相对直通。大门之上有半楼，有围墙，有四方形枪眼，防御功能明显。上埕七间厢用材较为考究，下埕七间厢次之，两边下间再次之。估计是宅里大厝建造时间较长，建造者经济状况不一而致。东边护厝系1917年所建，由当时较早到达南洋的姚顺、姚友烂、姚亚坚等堂兄弟在南洋取得第一桶金后回乡建造。护厝建造得较为精致，共有四个天井，上下护厝各设大门，使之相对独立，"宅中有里"，这就是"宅里"之由来。护厝大门上有对联，垛头有题词，一改两座七间厢简朴的风格。宅里大厝是19世纪中叶唯一幸存下来的古屋，繁盛时曾同时居住十三户人家，东源华侨民居大部分建造者皆出此门，如姚丰隆家族、姚万丰家族等。现在宅里仍保存着姚丰隆、姚万丰等人的故居。由于与此同时期建造的大厝皆已不复存在，故宅里被视为东源华侨的摇篮之地，意义非凡，宅里也成为"古富"的代名词。

魁山侨屋漫话

姚为祺故居（侨乡家风家训馆）

始建于1909年，系姚为祺所建。姚为祺（1872—1929），字学蠡，一名寿美。1892年赴马来亚吉隆坡，先出卖劳力谋生，三年后到一家机器公司学习装配，同时学习修车技术。1899年，他离开机器公司，

▎姚为祺故居（侨乡家风家训馆）（东大村供图）

姚为祺故居（东大村供图）

姚为祺故居鸟瞰（东大村供图）

独自开设福隆兴脚车（即自行车）修理铺。不久，他取得英国名牌自行车的代理权，销售自行车。姚为祺事业有成后，一方面捐资支持家乡公益事业建设，一方面提携乡亲至南洋创业。由于他带好了头，家乡在马来亚、印度尼西亚、新加坡等地经营自行车业以及汽车业的不断增加。到20世纪30年代，终于形成"兴化帮"，在南洋的车业中占据绝对的优势地位。姚为祺的族人姚金榜（1889—1960），民国初年赴马来亚，先跟随姚为祺，后自立门户经营，再创立中和公司。中和公司从石油、橡胶业务拓展至银行业，生意蒸蒸日上，姚金榜遂成为福莆仙华侨首富，书写了一部商业传奇。20世纪三四十年代，姚金榜的声望如日中天。1934年，姚金榜参与创建雪隆兴安会馆，成为马来亚侨领，其实力和地位与20世纪80年代福清的林绍良相当。姚为祺的公子姚瑞汉（1905—1990），同样爱国爱乡，在国内改革开放后大力捐资家乡建设，获得乡亲们的赞誉。姚为祺故居是东源村最早的华侨私人住宅，现保存完好。这是一座两进五间厢的大宅，形成一个

魁山侨屋漫话

侨乡家风家训馆入口（陈骋摄）

侨乡家风家训馆内景（陈骋摄）

侨乡家风家训馆一角（陈骋摄）

四合院。由于没有护厝，但预留了空间，后来又在外围筑起高大的围墙，成为一座庄园，格局与东源村所有大厝都不同。姚为祺故居风格简洁，反映了主人不图奢华、只重实用的人生志趣。

侨乡家风家训馆里的莆阳魁山诗社清风讲堂（江口镇供图）

姚裕宝姚裕成昆仲大厝

始建于1915年，是东源华侨在南洋事业有成之后最早回家乡建造的大厝，建造者为姚裕宝（1883—1933）、姚裕成（1886—1926）、姚裕祥（1888—1930）和姚裕孙（1890—1935）四兄弟。姚裕宝昆仲于20世纪初跟随姚为祺赴南洋，在印度尼西亚泗水经营自行车零配件生意，是较早到达南洋的东源人。姚裕宝昆仲事业有成之后，回国大兴土木，原计划建造一座四进五间厢加护厝的豪宅，后由于田地问题，只建成现在能够看到的建筑布局。这座大厝现保存完好，

姚裕宝姚裕成昆仲大厝大门（东大村供图）

┃姚裕宝姚裕成昆仲大厝（东大村供图）

┃姚裕宝姚裕成昆仲大厝鸟瞰（东大村供图）

是一座前后两进的双层五间厢加护厝的大宅，共有四个天井、一个三合院和一个四合院，风格简单而古朴，莆田民居特色尽显。十年后，姚丰隆昆仲回国建造豪宅时，就是复制了姚裕宝姚裕成昆仲大厝的建筑格局，但更雄伟更壮观。

姚文章姚源汉大厝

始建于1917年,又称"玉秋楼",系姚文章姚源汉叔侄所建。姚文章(1882—1964)、姚源汉(1900—1972),二人早年远渡重洋,到达印度尼西亚望加锡。他们与许多乡亲一样,从事自行车修理和零件的销售。这座大厝先后分三次修建,时间跨度较长,前后有十余年。叔侄不识字,他们创业极其艰难,赚了一点钱就回乡建造房子。姚文章于1936年回国后留在家乡,姚源汉则在望加锡继续经营。姚文章

姚文章姚源汉大厝(东大村供图)

改造开放前的玉秋楼（蔡昊摄）

姚文章姚源汉大厝（东大村供图）

姚源汉大厝是一座非常传统的民居，属于东源华侨早期建筑物。早期建筑物集中于1915—1920年间，其突出的特点是，风格朴素实用，没有彩绘，甚至没有楹联，占地面积大。姚文章姚源汉大厝坐落于姚为祺故居右前方，与姚学训大厝比邻。这是一座双层五间厢加护厝再延伸至下间的大厝，其间有一个巨大的埕，即庭院，正门为悬山顶，风格简单，符合早期东源华侨民居的特点。

王荪大厝

　　始建于 1917 年前后，系王荪所建。王荪（1880—1930），早年到达印度尼西亚谋生经商，是较早到达南洋的东源人，积聚了不少财富后，回国修建大厝。据说王荪相当有谋略，但在 20 年代因为生意失败，欠了卢孝嘉一大笔钱，遂将大厝西厢一半典押给卢孝嘉。卢孝嘉（1892—1964）也是东源人，早年远赴印度尼西亚，从修理自行车起家，后在万隆创建万新兴公司。其子卢善美（1922—1990）在 20 世纪 40 年代将万新兴的业务拓展至香港铜锣湾一带。卢孝嘉的从弟卢孝康（1902—1976），早年在万新兴公司任总经理，回国后接管了王荪大厝的一半房产。王荪大厝是一座典型的传统民居。这是一座五间厢，一层，另有对称的下间，各三间，两层，土木结构，形成三合院，中有大门，尖山顶。大概是王荪将西厢一半抵债给卢孝嘉后，他又在东厢后面修建了下厝，共六间，两层，楼道从正中而上，有两个天井。王荪大厝朴素无华，与 20 世纪初东源早期华侨民居的风格一致。

王荪大厝（东大村供图）

姚学训大厝

始建于1919年，系姚学训所建。姚学训（1883—1922），小名四哥，是较早到达印度尼西亚望加锡的东源人。他与姚为祺（字学蠡），都是"学"字辈的人。同其他乡亲一样，他也是先从事苦力活，后独自经营自行车修理铺，在事业有成之后回国建造大厝。据说，姚学训当年建造大厝时以箩筐将银圆挑回家乡，荣耀至极。可惜正当大厝建造时，姚学训便英年早逝，使得大厝一些重要部位至今仍未竣工。姚学训大厝是建造于20世纪初、现存为数不多的传统民居。其建筑格局是一座双层五间厢加下间双层三间厢，形成一个三合院，但两边护厝尚未完工，大门为硬山顶，形制高大。其占地面积达一千余平方米，建筑面积八百平方米，埕两百二十多平方米，在民居中可谓规模宏大。与姚为祺故居和姚裕宝姚裕成昆仲大厝相似，早期东源华侨民居风格简单实用、朴素无华，姚学训大厝也是这样，既没有彩绘，也没有楹联，甚至垛头立面也没有题词。只有正厅墙体饰以蓝色菱花式花纹格子，微微透露出些许勃勃生机。

姚学训大厝（东大村供图）

魁山侨屋漫话

姚书开三间厢

约建于20世纪初，系姚书开所建。姚书开（1883—？），在姚氏华侨中辈分不高。按东源姚氏有记载以来的取名"世学孔孟书伯仲文章光宗祖"排序，姚书开属"书"字辈。在姚书开三间厢二层墙体上仍悬挂着一幅姚书开画像，面容清癯，长髯飘飘，身着西装，气宇轩昂。姚书开早年跟随乡人远赴南洋，到达印度尼西亚雅加达，是较早到达南洋的东源华侨，所以能够于20世纪初建造住房。姚书开三间厢在所有的东源华侨民居中形制最小，结构简单实用，具有早期华侨民居建筑的特征。这是一座非常传统的双层三间厢，三间厢前有围墙，形成一个小院落，却没有在正中建造大门，只在东墙设一悬山顶小门。两边垛头立面上有题字，可惜已湮灭不清，二层正厅正中壁龛上书有一副对联"天保九如支公乃是鹤也，华封三祝老子其独龙乎"，其意晦涩。现在已不可知当初主人为何要如此建造房子，也不可知姚书开后续情形，但是其后代现在在雅加达，生意经营得不错。

▎姚书开三间厢（东大村供图）

姚丰隆大厦

俗称"百廿间",建造于1926年,系由姚丰隆及其三兄弟所建。姚丰隆(1874—1956),一名禹,排行十三,又名禹十三,民国初年赴南洋,从拉黄包车开始,到开自行车修理铺,再到发起成立万丰隆公司,经营汽车摩托车修配公司,后来业务又拓展至汽油、汽车交易领域,名满东南亚,爱国侨胞姚子兴即出其门。姚丰隆大厦由两座五

姚丰隆大厦(百廿间)鸟瞰(东大村供图)

间厢一前一后排列，两边加双层护厝，一直延续至下间双层三间厢。整座大厝呈左右对称的一个三合院、一个四合院组合，气势雄伟，蔚为壮观。大厝内所有门窗几乎都配上固定的对联，把古诗和书法欣赏融为一体。廊檐、厅堂、门窗、神龛上的木雕，码面、枕石、柱础、天井、石窗上的石雕，以及砖雕、彩绘等装饰都有十分丰富的内涵，文化底蕴相当深厚。大厝的大门上有唐驼先生的题词"妙造自然"。唐驼（1871—1938），原名成烈，江苏武进人，我国近代印刷业的开拓者，其书法秀美遒劲，含蓄朴茂，时称唐体。目前大厝还有人居住，负责日常维护。那些裂痕斑驳的墙体，刻画出了岁月的年轮，仿佛在诉说着一个个鲜为人知的华侨故事，唤起人们对往昔岁月的追忆与遐想。丰隆大厝是东源村侨乡古民居中的标志性建筑物，是其中的杰出代表。可以这么说，没到过丰隆大厝，就等于没到过东源村。

▌姚丰隆大厝（东大村供图）

魁山侨屋漫话

姚万丰大厝

俗称"五哥六角亭",始建于1926年,后经历了两次翻建。姚孔誉(1874—1953),小名五哥,早年出洋经商,后为万丰隆公司股东之一。20世纪20年代五哥回到家乡建造了五间厢大厝,但用材和建造工艺都比较粗糙。两年后,五哥的侄儿姚万丰(1884—1946),从南洋拨来巨款,将五间厢大厝重新拆除翻盖,用材大、工艺精,还在原来的基础上加高一大截。姚万丰,一名玉,排行十八,又名玉十八,与姚丰隆同为万丰隆公司创始人。他们从经营自行车修理铺开始,后创建汽车摩托车修配公司。姚万丰后来从万丰隆公司分拆出去,独自

▎姚万丰大厝(五哥六角亭)(东大村供图)

▌姚万丰大厝（五哥六角亭）（东大村供图）

成立了万丰公司。五哥的长子姚友谅（1906—1956），南洋汽车公司创始人。姚万丰大厝落成几年后，姚友谅回国探亲，在大厝下楼房的南侧两端，分别兴建了一座洋楼式的六角亭，并高出旁边的三间厢房，成为一对显眼的六角楼。据说，当年邀请了两位设计师各自设计建造，以此来比较优劣，所以六角亭形态有所不同，风格迥异，各具特色。

姚万丰大厝无论是曲线走廊，还是门顶或是窗楣，都镂雕着象征吉祥富贵的图像。亭顶的大阳台用青绿色葫芦瓷斗围成护栏，蔚为壮观。其建筑格局为五间厢加两边护厝，再延续至下间双层三间厢，外加两栋六角型洋楼式小阁楼。整座大厝呈左右对称的三合院组合，是20世纪20年代莆田流行的住宅格式。五哥六角亭在东源大厝中独树一帜，现已成了标志性建筑之一。

姚文庆五间厢

始建于1926年，系姚文庆所建。姚文庆（1904—1974），十五六岁时就随乡亲出洋，到达印度尼西亚望加锡，从事自行车修理和零件销售业务。有关姚文庆的资料甚少，只知道他二十余岁时即回乡建造房子，可谓年轻有为。姚文庆五间厢坐落于姚丰隆大厝背后，文德楼旁。

姚文庆五间厢（东大村供图）

这是一座两层半的民居，故形制特别高大。外墙皆以红砖堆砌包裹，给人以一种厚重坚固的感觉，是所有东源华侨民居五间厢建筑物中最为豪华的一座。正厅大门外墙上饰有彩绘故事，左旁门上书有"形胜"，右旁门上书有"德馨"。

魁山侨屋漫话

姚亚坚大厝

　　始建于1928年，系姚亚坚所建。姚亚坚（1893—1956），字孟宗，民国初年远赴南洋，到达印度尼西亚泗水，先从事苦力，后开设自行车修理铺。万丰隆公司成立后，修理铺并入万丰隆，成为公司十二大股东之一，是泗水分公司负责人。20世纪40年代姚亚坚从万丰隆分拆出去，创立万宗兴公司，依然从事自行车零配件销售业务。万宗兴公司虽然也经历过"二战"和20世纪60年代的排华事件，但基本上完好无损，是东源华侨企业中为数不多的基业能够长青的公司。姚亚坚有四个儿子，其中姚德成（1917—1966）和姚德明（1925—1992）坚守父业，谨慎经营，传承至今已历三代有余。东源华侨民居往往成双成对，相互辉映。姚亚坚大厝的建筑格局与姚顺大厝相似，风格朴素实用，是一座传统双层的七间厢，再延至下间，但没有护厝，也没有在二层阳台形成回廊。下间由双层三间厢组成，左右各一，形成三合院。悬山顶大门前有一影壁，皆水磨，正中大书一个"福"字，左右墙体饰有彩绘。垛头戗檐砖上也有题字，字迹依然清晰。正房雕梁画栋，其墙彩绘系20世纪50年代重绘。门框原有对联，可惜主人嫌其斑驳，将之覆盖重写，原对联遂消失无存。只有左边小门上尚留"和气致祥"四字，神采奕奕，或可观赏。

▎姚亚坚大厝（东大村供图）

▎姚亚坚大厝鸟瞰（东大村供图）

45

魁山侨屋漫话

姚文协大厝（江口华侨纪念馆）

始建于1930年，系姚文协所建。姚文协（1883—1966），小名协哥，根据村中九旬老人卢天祥描述，协哥早年在家乡种过田，吸过鸦片。有一天他看到涧边有一棵龙眼树，将树枝锯去修剪成"牛犁"的模样，招致长者责骂，说他没出息。他深受刺激，决定出洋闯荡，于是去了印度尼西亚望加锡，进入万丰隆公司做事。后又从万丰隆公司分出去，到望加锡一个叫生港的小镇创建了万盛兴公司，又名生港万丰隆，从事自行车、汽车配件和汽油生意。姚文协后决定在家乡建房。

| 姚文协大厝（江口华侨纪念馆）（东大村供图）

| 姚文协大厝庭院（东大村供图）

但他并没有回国，而是将建房任务交给其从弟姚文合。姚文协于1948年回国庆祝乔迁之喜，后来又到涧边，将"牛犁"改为"牛刀"。姚文协大厝是一座中西合璧的华侨民居，七间厢加下间，形成一个三合院。主房七间厢形制高大，共两层半，采取传统建筑风格。下间对称，各两层，三间厢形制，采取的是钢筋混凝土结构，二层栏杆为蓝色倒葫芦瓶，三层向南部分各有一块巨大的山花。姚文协大厝建筑精美，对联皆以木刻，门墙饰以彩绘故事，色泽鲜亮至今。其基石础石精雕细琢，刻以各种花卉图案，栩栩如生。可惜大门前两根大柱的础石已被盗，其雕梁画栋的部件多有毁坏丢失。姚文协大厝的艺术价值在东源华侨民居中可谓名列前茅，颇值得研究。

魁山侨屋漫话

姚文协大厝大门（东大村供图）

姚文协大厝一侧（东大村供图）

姚顺大厝

始建于1930年，系姚顺所建。姚顺（1874—1955），字孟彰，一名文隆，在家族内排行十二，故又称顺十二，早年读过私塾。姚顺是家族内较早下南洋的人。民国初年，赴南洋不需要护照。那时，姚顺和他的堂兄弟从厦门乘船启程，漂流至印度尼西亚望加锡。姚顺也是从拉黄包车开始，艰苦创业。接着开设自行车修理铺，兼出租黄包车。到20世纪20年代，姚顺联合姚丰隆、姚万丰和姚文霖三人共同发起万丰隆有限公司。万丰隆公司以车业为主，他们购买汽车组建车队，将日用品运至山区销售，然后换回土特产运回望加锡再销售。于是生意极为兴旺，到20年代末，公司不断发展，延伸至泗水、雅加达

姚顺大厝（东大村供图）

姚顺大厝大门（东大村供图）

诸地。万丰隆公司财力雄厚，凡股东欲建房者，皆由公司出资按股份大小拨款。1930年，姚顺携巨资回乡建造大厝。姚顺在家乡时，热衷于公益事业，曾兴办韶源小学，这是当时全县第一所农村小学。1950年又倡议集资兴办平民医院，并担任第一任董事长。姚顺生有两个儿子：姚秋香（1901—1972），字书义；姚兰香（1904—1981），字书种。姚秋香曾于20世纪40年代回国，在家乡修桥铺路。姚兰香后来同父亲创建万瑞隆公司，专营自行车及零件、收音机和电视等，直到60年代印尼排华时被焚毁。姚顺大厝的建筑格局是一座双层的七间厢，再延至下间，但没有护厝，也没有在二层阳台形成回廊。下间由双层三间厢组成，左右各一，形成三合院。其建筑风格朴素简洁，只在悬山顶大门上饰有麒麟彩绘浮雕，并书"德有邻"三个大字。垛头戗檐砖上也有题字，可惜字迹湮灭不清。又在左墙饰鲜桃，右墙饰石榴，皆为彩绘浮雕，其寓意为吉祥如意、多子多福。虽历经风吹日晒、岁月剥蚀，但其色彩至今仍然鲜艳明丽。姚顺大厝里的楹联皆为木刻，如"野翠生松竹，潭香闻芰荷""竹石得幽趣，壶觞多雅游"，充满诗情画意，而其字体又苍劲有力，具有一定的艺术观赏价值。

▎姚顺大厝鸟瞰（东大村供图）

东岙楼

始建于1930年，系姚东岙所建。姚东岙（1886—？），东源较早下南洋的华侨，有关她的资料存世极少，只知道是从福清市新厝镇东岙村嫁到东源的。那时有女嫁至东源，往往以其娘家所在地重新命名。姚东岙于1930年回乡建造东岙楼后，就将其托管给宗亲。她和她的后人并未在东岙楼居住过一天，他们从那以后就再也没有重新踏上故土了。不过，像姚东岙及其后人那样，一旦离乡而一去不复返的东源人不在少数。东岙楼建筑的基本格局是一座三层三间厢，却采用钢筋混凝土结构，小巧玲珑，其西洋风格显著，在东源独一无二。东岙楼顶层间以灰色葫芦瓶围栏，二层和三层则使用青绿色葫芦瓶护栏，二层外墙涂以红漆。东岙楼的彩绘和对联在"文革"中毁坏严重，以至于湮灭不清，难以辨认。

东乒楼(东大村供图)

姚学潢四目房

　　始建于1930年，系姚学潢所建。姚学潢（1875—1949），系姚学慧为堂兄弟，少年时姚学潢远赴南洋去了新加坡，从事自行车修理和经营。据说姚学潢第一次回国时曾携带大量现金，准备用于建房，不幸在路上遭遇歹人，悉数被抢，于是建房计划落空。第二次回国时带领一支由英国人组成的施工队伍，而这些英国人在奠基时未填土，加上可能选址不当，致使四目房建成后地面一直非常潮湿。姚学潢四目房共有两层，房前甚至没有围墙，让人怀疑是尚未完成之作。并且似乎是东源早期华侨民居的风格，二层阳台护栏却别开生面地使用青绿色葫芦瓷斗，透露出西洋元素。姚学潢四目房也很少使用彩绘，只在二层正厅大门书砖上题有"得佳趣"三个大字，颜色为蓝，旁有花卉纹饰。佳，既可解为短尾巴鸟，又可解为柘树果实。但是不论是得到短尾巴鸟，还是得到柘树果实，可能都是一件有趣的事，这反映出了主人的独特情趣。

姚学潢四目房（东大村供图）

魁山侨屋漫话

陈大厝五间厢

始建于1931年，系陈大厝女士所建。陈大厝（1896—1965），1915年随其夫姚三治（1890—?）漂洋过海至印度尼西亚泗水。姚三治最早在其兄店里做事，后独立出去，独自到山区农村收购土特产进行买卖交易。但由于姚三治染上了吸食鸦片的恶习，家庭重任落到陈大厝身上。陈大厝依靠绣花纳鞋、给人做家务，积攒零星钱财，并于1931年回乡建房。陈大厝五间厢共两层半，占地面积三百平方米。其形制非常简单，没有楹联，更没有彩绘纹饰，这在20世纪30年代东源华侨民居已经转向中西合璧风格的情形下是很不多见的。由于家庭经济极为艰难，陈大厝本人从南洋回国，亲自建造五间厢，自己当小工，自备建材，异常艰辛，其建造的时间又很长，庭院直到20世纪60年代初期才得以完工，但还有一些工程并未竣工。陈大厝一生简朴，刻苦耐劳，独立支撑一个家庭，实在是不简单。她也因此耗尽了自己的生命，享年六十九岁，可歌可泣。陈大厝养育了四个子女，其曾孙姚煌先生现于泗水从事五金业务，最近进入电器行业，生意蒸蒸日上，积累了数千万资产，成为东源华侨后裔中出色的商业人才。

陈大厝五间厢大门（东大村供图）

文德楼

始建于1932年，系姚文德及其五位兄弟所建。姚文德（1886—1958），于民国初年远赴南洋，在印度尼西亚经营汽车零部件生意。事业有成之后回国在家乡建造了这座楼房。该楼房采取中西合璧的建筑形式，独具异国情调，二层有一座攒尖亭子，三层则有一对攒尖亭子，错落有致，相映成趣，具有浓厚的西洋色彩，出自美国建筑设计师之手，造型既新奇浪漫又庄严雄伟、既清新淡雅又新颖别致。文德楼是一座钢筋混凝土结构的住宅，据说当年造价六万银圆。其水泥用能够容纳两百千克水泥的木桶盛装，由南洋船运至三江口码头卸载。主人喜好精美装饰和雕刻。虽然建筑外形及立面效仿欧式建筑之风，但装饰和雕花的纹样多采用中国民间文化元素，精心设计所有窗檐门楣的装饰，更显建筑的庄重典雅。其楹联书法精湛，具有很高的艺术价值。其走廊迂回相连，雕花的围檐、围栏和扶梯精美别致，乍看是民族风格，细看却又隐约透着西洋之风。文德楼既是巴洛克建筑在中国的变异，又是中国传统建筑向近代转型时的产物，通过本土化了的巴洛克建筑形式成功地调和了中西方文化相互碰撞时产生的冲突。遗憾的是，文德楼在"文革"中曾遭大肆破坏。文德楼虽历经风雨沧桑，却仍依稀透着往日的荣耀与辉煌，不但让我们感叹它自身的艺术价值和文化内涵，同时也承载着侨乡文化的记忆，成为东源村的标志性建筑物之一。

文德楼一角（东大村供图）

魁山侨屋漫话

▌文德楼鸟瞰（东大村供图）

▌文德楼（东大村供图）

▌文德楼（朱少钦摄）

▌文德楼（东大村供图）

魁山侨屋漫话

金榜楼

　　始建于1932年，竣工于1936年，系黄金榜所建。黄金榜（1900—1965），原籍福清市新厝镇，其父年轻时即从新厝迁至东源居住，成了东源人。民国初年，黄金榜跟随家乡人一起远赴南洋，也是先从拉黄包车开始，再到开自行车修理铺。不过，后来他改行种植橡胶，从

▍金榜楼鸟瞰（东大村供图）

金榜楼（东大村供图）

此进入了橡胶行业，从事橡胶生意。那时，经营橡胶生意的华侨不多，在东源人中更是凤毛麟角。橡胶的经济价值很高，黄金榜很快就发家致富了，于是决定在家乡投入巨资建造房屋。他聘请来英国建筑设计师为其设计，又聘请英国建筑施工队到家乡来建造，前后共四年。所有的水泥（那时称"红毛灰"，意为红发洋人制的灰）和钢筋（也就是"四角筋"）皆由南洋船运至福清新厝大岙村码头，然后雇工运回，往返行程八千米；所有的沙子都取自家乡的一条溪——蒜溪，代价极为高昂。金榜楼也是一座中西合璧的私人住宅。整座楼房采取钢筋混凝土框架结构，没有使用一块石材。其建筑格局是莆田传统的双层四目房，然后向外拓展为护厝，左右对称再盖起双层三间厢。沿着三间厢直线向前，再盖起左右对称双层三间厢各一座，使之成为一个三合院，四目房与四座三间厢形成一个整体。大门顶上建有歇山式凉亭一座，在二层使之与四目房和三间厢通过回廊相连，并且创造性地向二层外墙延伸，浇灌水泥，环绕形成一个大回廊。所有的地面、圆柱和础石皆以水磨打制，同样没有使用一块石材。正面墙体凿上浮雕，其内容以"二十四孝"为主，间插花草树木图案。穹顶饰有凤凰和花卉，色彩斑斓而鲜艳，历经沧桑而不褪色，具有极高的艺术观赏价值。

▎金榜楼（东大村供图）

乌秋楼

始建于 1932 年，系卢乌秋所建。卢乌秋（1887—1967），民国初年远赴南洋，在印度尼西亚巨港先从事苦力，后入卢善美的万新兴公司，不久开设万源兴自行车修理铺，独自经营，并经销日本产自行车。由于卢乌秋诚信经营，生意蒸蒸日上，他遂于 1932 年出资委托亲人

乌秋楼（东大村供图）

监工修建乌秋楼。其设计图纸及工程建筑皆由英国人士完成,其所用的水泥钢筋皆由南洋船运至涵江三江口码头装卸,工程量浩大。卢乌秋的万源兴店铺于1942年为日军所焚毁。"二战"后,卢乌秋从事纺织业,转入制袜生产,至今其后代依然在经营这个行业。卢乌秋是东源卢氏家族中的翘楚,与另一重要人物卢善美同为卢氏家族的杰出人物。乌秋楼中西合璧,看似钢筋混凝土框架结构,其实却是由一座双层三间厢和一座双层半的四目房对称构成,中间以墙垒起,形成一个院落,又在其中的东西方向各设置一个大门,使两个大门相对。又将两座楼房的二层走廊延伸到东墙和西墙上,使两座楼房在二层上相连,形成一个整体,结构十分独特。三间厢和四目房的正面均使用石门槛墙,墙体上彩绘图案或为飞凤或为麒麟或为历史典故,栩栩如生,依然清晰可见。两座楼房的大门上皆书"范阳郡",又在四目房大门的对联上书"汉代征流经史籍,范阳谱入科名宗",清楚地标明卢氏一族的历史渊源,其字苍劲有力,颇值得品味。

 江氏楼

　　始建于 1932 年，系江光藻昆仲所建。江光藻（1905—1974）、江乌元（1908—2000）、江光华（1910—1985）、江文彬（1913—1965），早年前往南洋，到达印度尼西亚望加锡。他们也曾在万丰隆公司做事，后一一出去独自开店经营，从事自行车修理及零配件生意。

中西合璧的江氏楼（朱少钦摄）

魁山侨屋漫话

其中江乌元于1940年回国,看守家园。江氏昆仲后来经营最为出色的,当属江光华。江氏一族在东源仅此一家,其先祖从邻村迁徙于此。江氏楼建造的时间很长,其主体部分于1938年完成,之后附属部分断断续续进行,有的至今尚未完工。江氏楼建筑的基本格局是一座三层七间厢,混合结构,却极具创新意味。在二层和三层的中央有凸廊,形成观景台,休息处有美人靠,西洋风格显著。正厅大门上书"济阳郡",标明郡望,两旁饰以镂空花卉动物。江氏楼多彩绘,可惜在"文革"中毁坏严重,像"牛郎织女"等诸多浮雕已悉数被毁。而未被毁坏的彩绘依然色彩鲜艳,栩栩如生,其中有四幅彩绘"花开富贵""杞菊延年""万象回春"和"鳌头独占"最值得品味。江氏楼刻有多副对联,正厅是"世德千秋远,家声三凤齐",其他诸如"水色山光皆画本,花香鸟语是诗情",充满了诗情画意。

| 江氏楼(东大村供图)

▎江氏楼庭院（蔡昊摄）

▎江氏楼凸廊（蔡昊摄）

▎江氏楼侧景（东大村供图）

姚光成姚光明昆仲楼

始建于 1932 年。姚光成（1901—1970）、姚光明（1903—1984），兄弟俩早年前往印度尼西亚泗水，先入万丰隆泗水分公司做事，后独立出来开店，从事自行车修理及零配件销售生意。姚光成姚光明昆仲诚实经营，生意兴隆，遂于 1938 年回乡建房。姚光成姚光明昆仲楼的结构是传统民居的四目房，庭院宽阔，高墙森严，采用了中西合璧的方式，以钢筋混凝土浇灌，这是一座三层楼房。走近院门，上书"有余庆"三个大字，笔力浑厚，大门对联字迹已湮灭不清。正中厅堂大门门框上书"积善家"三个大字，有两副对联，其中一副曰："槐为奕世承恩树，杏是春风及第花。"墙上有彩色饰画，颜色依然鲜艳。二层也有许多对联，其中一副云："韶石传千载，熏风入五弦。"其中"韶"字标明了郡望，"韶"者，韶溪堂也。每层的天花板皆有彩绘，栩栩如生，颜色如新。其排水设计非常巧妙，若大雨，水可从楼顶排入下水圆柱直通地下。顶层上有山花，中有绣球，旁有舞狮一对，惜在"文革"中被毁。姚光成姚光明昆仲楼文化底蕴非常深厚，有着一定的艺术价值和观赏价值，也是东源华侨民居中的杰作。

姚光成姚光明昆仲楼大门（东大村供图）　　姚光成姚光明昆仲楼侧景（东大村供图）

姚春荣五间厢（左）、姚光成姚光明昆仲楼（右）鸟瞰（东大村供图）

魁山侨屋漫话

文祥楼

始建于1933年，系姚文祥所建。姚文祥（1884—1944），小名五妹九，民国初年去新加坡从事苦力，后到印尼，曾在万丰隆公司做事。姚文祥赚得一笔钱后遂回国建屋，此后便留在家乡。1944年的一天，一股土匪进犯东源村，姚文祥第一个在自家楼房顶层提枪迎敌，

古秋枫树下的文祥楼（东大村供图）

文祥楼（东大村供图）

不幸被匪枪击中。姚文祥是东源村为数不多的殒命在匪枪之下的人之一。文祥楼坐落于古秋枫树下，是一座框架结构的双层四目房，外墙和内墙皆夯土，二层及楼梯为木构，顶层却以钢筋混凝土浇灌，再施以葫芦瓶护栏。两层正面墙体皆有彩绘，或麒麟或飞凤或麋鹿或白象。一层大门上刻有"吴兴郡"三个浮雕大字，两旁皆有题款，显示主人信奉真耶稣教，又有对联云："兴道为际兴德为邻，以孝治家以忠治国。"可惜彩绘和浮雕在"文革"中损毁严重，以至于辨认不易。文祥楼最有创造性的是在阳台上筑有葫芦瓶护栏，这使得该楼别具一格，颇具西洋色彩。原来在古秋枫树下还有一座小亭，后被毁。

卢陈氏硈灶楼

始建于 1933 年,系卢陈氏硈灶所建。卢陈氏硈灶(1901—1982),早年从邻村硈灶(现属福清市新厝镇)嫁至东源。青年时代卢陈氏硈灶随夫卢耀存(1906—1933)一同远赴南洋,到达印度尼西亚雅加达经商。由于其夫多病,卢陈氏硈灶独自挑起家庭重担,养成了坚韧不拔的品性。1933 年其夫病逝后,卢陈氏硈灶变卖所有在南洋的财产后回国建房。卢陈氏硈灶回到家乡后长期担任甲长,可谓巾帼女杰。她英姿飒爽,擅使双枪,百发百中,当时巨匪郭楼古也望之胆寒,不敢轻易前来冒犯。卢陈氏硈灶楼是一座中西合璧的楼房,共两层,中有大厅,左右各两间,通往二层的楼道置于正厅后,全部以钢筋混凝土浇灌,属于四目房结构。楼顶以蓝色倒葫芦瓶围起护栏,北边饰以巨大的山花,这是东源民居中最大的一块山花。可惜的是,卢陈氏硈灶楼后来被全部改造,以至于只能在楼顶才能依稀看出当年的繁华。

卢陈氏硈灶楼(东大村供图)

姚学慧四目房

始建于1935年，系姚学慧所建。姚学慧（1913—1985），少年时在乡人引领下远赴南洋，到达印度尼西亚雅加达，从事自行车修理和经营。有关姚学慧的资料很少，因历史久远，其后人已无法得知他后来在南洋经营的情形。四目房也是莆田传统民居的一种形式，其结构是中间一个正厅，左右前后共有两间。

姚学慧四目房（东大村供图）

姚学慧四目房有两层，土木结构，房前即是围墙，设有一悬山顶大门，二层阳台、护栏和楼板皆木制，甚少彩绘，只有二层正厅大门上饰有书砖，上书"吴兴郡"三个大字，标明郡望，其垛头立面有题词，字迹已湮灭不清。姚学慧四目房的形制类似20世纪初东源早期华侨民居的风格，因为20世纪30年代已很少出现这种形制。然而其一层地面使用水泥，柱顶石和圆柱使用手工水磨，又呈现出30年代的西洋元素。由此推知当年姚学慧建房之不易。

姚学慧四目房（东大村供图）

姚学慧四目房外景（东大村供图）

姚学慧四目房鸟瞰（东大村供图）

怀远堂

　　始建于1936年，系姚丰及其四位昆仲所建。姚丰（1889—1961），字孔隆，于民国初年赴南洋，到达印度尼西亚泗水，先从事苦力，后开自行车修理铺。他苦心经营终有所成后，联合其昆仲成立以自己姓名命名的公司姚丰有限公司。20世纪30年代，姚丰决定在家乡建屋，以改善家人的居住条件。由于姚丰远在海外，故将建房重任委托其弟。大屋建成后，姚丰将其取名为"怀远堂"，由民国时期涵江书法家魏其倬书写，勒刻于大厅正门上，三个大字苍劲有力，熠熠夺目，增添了浓浓的书香气息。魏其倬，字汉槎，涵江后度村人，清光绪年间秀才。

以怀远堂门头狮子为原型的东大风狮爷（蔡昊摄）

怀远堂大门（东大村供图）

魁山侨屋漫话

"怀远"即"望月怀远"之意，取唐朝诗人张九龄一诗名，谓明月于海上升起，勾起两地相思之苦，竟夕难眠，又觉得只有在睡梦中才能相见。这是一种深深的怀远之情，表达了姚丰昆仲身在海外仍心系故园的赤子之心。怀远堂的建筑风格庄重，其格局是一座双层的七间厢，再延至下间。而下间又由双层的三间厢组成，左右各一，形成三合院。其墙上或为彩绘或为浮雕，历经世纪风雨，至今仍保存比较完好。其内容或为花卉或为良禽或为人物，皆栩栩如生、意味深长，具有一定的艺术观赏价值。

▎怀远堂（东大村供图）

厝利楼

始建于 1936 年，系郭厝利所建。郭厝利（1888—1958），民国初年赴南洋，到达印度尼西亚望加锡。郭氏一族在东源人数不多，其先祖为避匪患，从萩芦迁至东源，遂成为东源人。与其他东源人相似，郭厝利先从事苦力，再开设自行车修理铺。生意蒸蒸日上之后，他便创立了万裕隆有限公司，其业务亦拓展至汽车零件制造，子公司发展至印度尼西亚泗水、巴鲁各地。1936 年，郭厝利委托其子郭亚仲（1913—1971）和郭亚铭（1915—1970）回乡建房。其工程图纸由英国人设计并施工，钢筋水泥皆由南洋船运回国。厝利楼也是中西合璧

远山环抱厝利楼（蔡昊 摄）

厝利楼庭院（朱少钦 摄）

魁山侨屋漫话

厝利楼（蔡昊摄）

厝利楼（东大村供图）

的产物。其格局是一座双层七间厢，但没有建护厝，七间厢里的房间相通，下间左右各有一座双层三间厢，阳台互相勾连，护栏皆采用青绿色葫芦瓷斗。正房前方建有大门，其上筑歇山顶凉亭一座，在二层形成回廊，组成三合院。整座楼房的墙体全部以钢筋混凝土浇灌，正面墙体以手工水磨完成。其上多绘水彩，以《三国演义》和《红楼梦》故事为主题，兼以各种图案。门顶则多用镂刻，或飞凤或麒麟或松竹或梅兰，造型生动，制作精美，色彩斑斓而鲜艳，久经风雨而不褪。主人又喜用楹联，大门上书"庭前绿满余芳草，窗外春深锁碧桃"，字体飘逸，充满诗情画意，展现主人志趣。下间一副对联"受恩宗主道，获福正人心"，又说明了主人是虔诚的基督教徒。厝利楼别具一格，极具创新意味，具有很高的艺术观赏价值。大楼竣工后，1939年郭亚仲、郭亚铭两兄弟回南洋时，带去了十几名师生，在望加锡创办了一所华文学校，使中华文化、莆仙文化在南洋生生不息，传为美谈。

80

姚春荣五间厢

始建于1936年,系姚春荣所建。姚春荣(1901—1983),字子楼,十九岁时随乡人远赴南洋,到达印度尼西亚望加锡,先在万丰隆公司做事,后独自经营自行车修理铺,艰苦创业之后回乡建房。姚春荣生意最辉煌的时光,是从20世纪50年代开始的。那时他进入银行业,

姚春荣五间厢鸟瞰(东大村供图)

曾经开了九家银行，控制了望加锡地区的金融。1962年，姚春荣回国探亲，目睹了乡亲们实际的生活状况。于是，他从日本购买化肥一百多吨运回祖国，捐献给家乡人民。那时，一斤化肥价值人民币十五元，一百多吨化肥则价值三百多万元。姚春荣的义举得到了当时莆田县人民政府的表彰，获得了家乡人民的广泛赞誉，而他给自己的家人每人仅十元钱。姚春荣五间厢共两层，土木结构，其下间一层三间厢及大门、围墙系20世纪60年代所建。正厅门上书有"吴兴郡"三个大字，其墙体多饰彩绘，鲜艳如初，其中有四幅彩绘"花开富贵""杞菊延年""万象回春"和"鳌头独占"，与江氏楼相似。正厅的楹联书有"屏开北苑春山画，架置南华秋水篇"。二层正厅八开门上安装的玻璃，从里向外看时，色彩斑斓，很是少见。阳台为钢筋混凝土结构，上有葫芦瓷斗护栏，檐口有两处玻璃镶嵌的浮雕，这是东源所有华侨民居中难得保存下来的装饰，不可多得，文化气息极为浓厚。

| 姚春荣五间厢（东大村供图）

姚孟瓒姚孟琼姚孟瑞昆仲七间厢

始建于1936年，系姚孟瓒姚孟琼姚孟瑞昆仲所建。姚孟瓒（1900—1966）、姚孟琼（1904—1961）、姚孟瑞（1908—？），兄弟三人少时孤苦，姚孟瓒八岁时父母双亡，姚孟琼和姚孟瑞被寄养在两户宗亲家。姚孟瓒十四岁时由堂兄弟们携带出洋，到达印度尼西亚泗水，进入万丰隆公司泗水分公司做事，其后姚孟琼和姚孟瑞也相继前往泗水。由于堂兄弟关系亲密无间，姚孟瓒昆仲获得干股，成为万丰隆公司股东。1936年，姚孟瓒和姚孟琼承万丰隆公司关照回国建房，姚孟瑞则继续留在万丰隆做事。

姚孟瓒姚孟琼姚孟瑞昆仲七间厢（东大村供图）

83

魁山侨屋漫话

姚孟瓒昆仲一俟建房完毕，欲再前往泗水，却碰上日军封锁南洋，再则家乡匪患极为严重，需男丁守护，于是昆仲遂留滞家乡，不再前往南洋。姚孟瓒姚孟琼姚孟瑞昆仲七间厢样式传统，但形制宏大厚重，共有三层，厅堂楼层及立柱以钢筋混凝土浇灌，二层以上则以木料构建。所用石材均手工打磨，做工精致考究，光是打磨工钱就花费了相当于当时七十六担大米的价格。姚孟瓒姚孟琼姚孟瑞昆仲七间厢多彩绘，其画栩栩如生，造型丰富；其色鲜艳耀眼，至今不败。二楼正厅使用六扇门，其上则雕梁画栋，做工精细，具有较高的艺术观赏价值。由于交通阻断，现金无法汇回国内，原来规划的两边下间也没有继续建造，二楼的木料门窗最终也未能上漆。但即便如此，论建造质量，姚孟瓒姚孟琼姚孟瑞昆仲七间厢在东源华侨民居中也依然名列榜首。

▎姚孟瓒姚孟琼姚孟瑞昆仲七间厢鸟瞰（东大村供图）

84

为富楼

为富楼（东大村供图）

始建于1937年，系姚为富昆仲所建。姚为富（1913—2007），少年时即出洋，到达印度尼西亚泗水，进入万丰隆公司做事，后独自经营自行车修理铺。稍后其弟姚为让（1916—1943）、姚为德（1918—？）也相继出洋。不久，姚为富昆仲创立了万发兴公司，主营车业。为富楼是姚为富昆仲共同创业的成果。主体结构是一座双层七间厢，加下间双层三间厢，形成一个三合院。二层护栏皆采用青绿色葫芦瓷斗，注入了西洋创意。本来是悬山屋顶，却别出心裁地在屋顶檐口设计护栏，也采用青绿色葫芦瓷斗，从圆柱中将雨水排出。这是典型的中西合璧的风格。大门顶上有书砖，上书"居仁里"三个大字，这是取"择居仁里和为善"之意，与姚顺大厝的大门顶上"德有邻"三个大字相映成趣，后者取的是"善与人同德有邻"之意。为富楼的文化气息浓厚，其彩绘纹饰生动活泼，至今还鲜艳夺目。为富楼的楹联书法浑厚有力，大门的一对是"孝友为家政，诗书性所敦"，一层正厅的一对是"忠厚传家久，诗书继世长"，二层正厅的则是"风烟彭泽阁，词赋仲宣楼"，寄寓了建楼者对家族的殷切希望。

姚孝靔四目房

始建于1939年，系姚孝靔所建。姚孝靔（1913—1941），小名阿震，原籍今福清市新厝镇凤迹村，幼年时被抱养至姚家，随了姚姓。1931年，年仅十八岁的姚孝靔漂洋过海，到达印度尼西亚望加锡，进入万丰隆公司做事。五年后，姚孝靔向另一位华侨姚友烂购买一店面，从事自行车修理、出租和配件销售业务，生意大顺，仅过了三年时间便回乡建房。姚孝靔曾于1935年回国探亲，好友乡亲与其合影留念，照片至今保存完好，前排中即是姚孝靔，还有护照签证也保存完好。可惜姚孝靔因肺痨医治无效于1941年病逝，年仅二十八岁。姚孝靔四目房，坐落于村中宫庙前戏台旁。这是一座样式很传统的莆田民居，共两层半，却没有采用土木结构，而是采用了钢筋混凝土结构。四目房前有宽敞的石埕，屋顶为歇山式曲线燕尾脊；檐口挂滴水和瓦当，并饰有彩绘图画；又创造性地在东西外墙建有雨棚。主人充分利用屋后空地堆砌水泥外墙，采用西式建筑形式，在顶楼浇灌钢筋混凝土楼层，颇具中西合璧的特色。正屋中间左右两旁有一副对联，上联是"善为传家宝"，下联是"忍是积德门"，书风遒劲厚重。整座建筑小巧玲珑，在东源华侨传统民居中独具匠心。

姚孝毈四目房（东大村供图）

东源华侨民居大门景观（东大村等供图）

东源华侨民居景观（东大村供图）

三 东源其他物景

青峰亭

　　青峰亭始建于元至正年间，距今六七百年，位于东源村蒜溪西岸青峰亭山上，海拔四十余米，遥对东源村的标志魁山。青峰亭原属香山寺廨院。廨院，即禅林行办事务之处所。香山寺位于江口石狮村，距青峰亭约五千米。香山寺大雄宝殿内现存明崇祯五年（1632）铸的铁钟一口，附近有清乾隆二十年（1755）、咸丰十年（1860）先后建

青枫亭（东大村供图）

魁山侨屋漫话

香山寺（江口镇供图）

造的比丘塔和光绪年间的香泉井。伏魔洞内有古石佛一尊，四周怪石嶙峋，有妙高峰、试剑石、枪旗迹、箫月台、石门楼、九仙岩等古迹。香山寺历史悠久，据传唐代时就有一批来自河南嵩山少林寺的武僧分布于莆田各寺院，他们后来入驻于此。

青峰亭是香山寺的主要道场之一。至民国时，青峰亭尚存三开屋一座，东西皆有护厝，上九级石阶进门厅、过前庭，再上五级石阶入大殿。殿内供有木雕佛像三尊，高二至三尺。佛堂内悬挂达摩祖师画像。亭中遍植香樟和柚树，四周山坡谷底广布水杉和杜松。又有一立石和一跪石，似母子相对而泣。魁山上有巨石，酷似一戴笠老翁。大风起时则山石摇动，大雾时远望极似农夫恐山雨来袭匆匆下山，晴日时远眺又似老妪伛偻寻物缓步下山。又有人说，那是"草鞋公逐仔"，当地广为流传一个民间故事。说的是一个叫草鞋公的人捡到一个孩子养了起来，某天，有人告诉其子非草鞋公亲生，其子如五雷轰顶，一路哭泣而走。草鞋公听到此事，便一路尾随而去，因伤心过度化为石头。"逐"就是"追"的意思。最后这个孩子在高中状元之后，就到青峰亭"母子相会"。莆仙戏将这个故事编入剧本，剧题就叫《草鞋公逐仔》，为莆仙戏十大传统名剧之一。

20世纪50年代"大跃进"时期，青峰亭开始逐渐被毁，至"文革"期间，已经荡然无存了。2000年，东源村退休干部姚友华发起募资重建青峰亭，先建起大雄宝殿一座。后旅居马来西亚的华侨李珍珠（江口海星人氏）、蔡幼兰，旅居印度尼西亚的华侨姚陈奥前（江口东源人氏），旅居澳门的商人关荣丰（江口上后人氏）等共同捐资，加上东源及附近邻村的热心人氏，又建起天王殿、观音殿和宝塔各一座。

现在的青峰亭依然掩映在郁郁葱葱的青山绿水中。登上宝塔，可俯瞰十里蒜溪画廊，无限风光尽收眼底，紫气东来，流水潺潺，远方的村庄静卧着，一派祥和年景。

香山寺的飞檐翘角（江口镇供图）

魁山侨屋漫话

东源一景——古秋枫树

古秋枫树位于东源村老年协会办公楼旁。秋枫，属大戟科重阳木属植物，常绿或半常绿乔木。树冠伞形，大枝斜展。树皮灰褐色，纵裂。喜阳，稍耐阴。材质优良，坚硬耐用。涵江区林业局曾组织有关专家对该树进行调查论证后预估，认为这株秋枫大约种植于17世纪初叶，迄今有四百多年的历史，属于福建省二级古树名木。

目前这株古秋枫虽历尽风雨沧桑，但仍枝叶繁茂，生机勃勃。树高达三十余米，造型独特，树冠仿似华盖。其主干硕大无朋，笔直高耸。其根部遍布着波浪般

东源一景——古秋枫树（陈骋摄）

▎文祥楼前的古秋枫树（东大村供图）

起伏的树瘤，或突兀奇崛，或圆如石盘，似硕大的熊掌，又似跃跃之雄狮。这棵古秋枫树现已成为东源一景，是东源村的主要标志之一，村里人亲切地称它为"高山头"。古秋枫树"阅尽人间春色"，是东源村历史的见证，更象征着东源人奋发向上的精神：一旦扎根，就会顽强生长，势不可挡。

魁山侨屋漫话

姚裕宝姚裕成家族陵园

姚裕宝姚裕成家族陵园，又称"墓田"，始建于1916年，系姚裕宝姚裕成家族所建。姚裕宝姚裕成昆仲是东源村较早下南洋的华侨。他们在南洋事业有成后，便衣锦还乡，回到家乡建房筑墓，遂有了这座家族陵园。整个家族陵园占地面积三百平方米，其中建筑面积两百平方米。其形制采用传统民居中四目房结构，大门正中上方书有"仁寿之域"四个大字。大门上刻有一副对联，上联书"龙接魁山兴泗水"，下联书"凤栖甲地发韶源"。左右各有二窗，圆形，镶有花格，窗扇上刻着"山拱秀""水钟祥"。圆窗上下左右饰有彩绘，刻着唐诗，描以故事。1926年，姚裕成在印度尼西亚泗水英年早逝，年仅四十岁。姚裕成病逝后，其灵柩由南洋船运回乡，在家乡举行了隆重的葬礼。姚裕宝姚裕成家族陵园是唯一一座东源华侨家族陵园，这类陵园在福建为数不多。姚裕宝姚裕成家族陵园见证了东源华侨那一段辉煌的历史，具有一定的文物价值。

姚裕宝姚裕成家族陵园（东大村供图）

佑贤庙和东源庵

佑贤庙和东源庵始建于 1931 年，系当时全村乡亲合力所建，发起人已不可考，估计与万丰隆公司或姚丰隆家族、姚万丰家族有关，因为只有他们才有那样的经济实力。这是全村祈福迎祥、集会议事的

佑贤庙（陈骋摄）

场所，位于全村的中心——古秋枫树下。佑贤庙和东源庵并排相连，佑贤庙在东，东源庵在西，土木结构，雄伟壮观。庙前和庵前有广场，正面为大戏台。节日时村中在此上演莆仙戏，喜庆洋洋，车水马龙，热闹非凡。可惜 1967 年 11 月 9 日晚一场突如其来的大火，将佑贤庙和东源庵夷为平地，起火原因至今未明。

1984 年，爱国侨胞姚亚莺及姚金灶、郭秀珠夫妇等回国省亲，察看佑贤庙和东源庵原址后，决定发起募资重建。他们回到南洋后，不

辞劳苦，日夜奔波于南洋各埠，向南洋乡亲发出倡议。最终，旅居海外的乡亲同心协力，慷慨解囊，筹建董事会，谋划复兴重建。1985年5月10日，佑贤庙和东源庵破土动工。同年落成告竣。2004年，在董事会倡议下，海外侨胞和国内的善男信女虔诚捐资，赞助庙宇内外装修，码面石雕，广场铺设，中置石炉，石狮、麒麟等，应有尽有。又修建了思亲亭和慕乡亭，还对原有的戏台进行改造。

如今，美轮美奂的佑贤庙和东源庵及其配套设施又重新展现在世人面前。重修后的佑贤庙和东源庵的中部皆有天井，前有厅，后有殿，两旁有走廊。雕梁画栋，大红门墙，金碧辉煌，所绘人物栩栩如生，彩绘主红，充满喜庆。大门口有一对石狮，还有两根刻着金龙的石柱，

东源庵（陈骋摄）

金龙回旋盘绕，分外壮观。佑贤庙和东源庵整体布局匀称，主次分明，古朴典雅，巍峨壮观。这里空气清新，环境优美，建筑物上雕刻着各种各样的图案，颜色鲜艳夺目。佑贤庙和东源庵于2005年和2015年举行了两次谒香朝香庆典活动。

  在佑贤庙，每逢神祇的忌诞日，都要烧香上供演戏。演戏或一个日夜场，或三个日夜场。除此之外，在海外平安顺利挣了钱，也要向神祇谢恩，演上几天戏。元宵节时，在供奉祖先的厅上摆供品，然后将神祇抬出来到各厅上供，每厅约一个时辰，一厅接着一厅依次进行，大约要到次日晚才供奉完毕，然后再把神祇抬回佑贤庙。神祇回庙时由年轻力壮的小伙子每四个人抬一副轿子，先在宫前院里走一圈，逐步加快直至互相追逐，看谁为先。神祇"出游"场面宏大。由村里挑选漂亮的童男童女，按戏剧故事穿上戏装，骑上大马，前面由举旗者开路。接着是装扮成"积士"的敲大锣的人，举着"肃静""回避"的牌子和各种颜色的"凉伞"的人相随而行。紧接着是土枪队，由近百名年轻男子举着土枪，背着火药袋，走一段路后朝天放一枪。再后就是马队了。队伍浩浩荡荡，绵延不绝。

魁山侨屋漫话

堞楼

　　堞楼,又称炮楼,始建于1935年,由姚文瑞主持建造。姚文瑞(1885—1940),字孟达,姚丰隆三弟,在家族内排行十五,故又称文十五。东源村位于莆田最北部,与福清新厝镇交界,历史上政府管理一直薄弱,故匪患不断。为自卫计,东源很早的时候就在村北建有一处堞垛,后于20世纪70年代被毁。姚文瑞早年曾下南洋,后回国主持建造姚丰隆大厝。众多华侨回乡大兴土木后,防卫工作被提上了

▎东源堞楼(东大村供图)

东源堞楼（东大村供图）

堞楼内部结构（东大村供图）

议事日程。于是姚文瑞亲赴印尼募捐，倡建堞楼。东源人购买枪支甚早。当年国民革命军第十九路军溃退路经东源时，东源人从他们手里大量购买武器弹药，从那以后妇孺老幼皆会放枪。现存的堞楼位于村南最高处，共有两层，属钢筋混凝土结构，顶楼有围栏，二层四个角落皆有窗，有正方形枪眼数个。除窗户因年久毁坏外，基本上保存完好，现如今仍然掩映于龙眼密林中。

魁山侨屋漫话

乡村民宿迎仙驿

  迎仙驿的前身是真耶稣教堂，始建于1940年，由姚孔誉主持建造。姚孔誉早年出洋经商，后为万丰隆股东之一。现存的迎仙驿共有两层，西洋风格，钢筋混凝土框架结构，外砌砖墙，方柱及围栏扶手皆水磨，二层楼板及楼梯皆木构。原有围墙，围墙上竖铁栅栏，现仅残存东面一段围墙。院内有井一口，后被毁。真耶稣教堂据说在福建仅存八座，东源的即是其中一座，因此具有一定的研究和保护价值。

| 百年韶源小学旁的迎仙驿民宿（东大村供图）

104

迎仙驿民宿侧景（东大村供图）

魁山侨屋漫话

东源姚氏纪念堂

　　东源姚氏纪念堂于20世纪80年代初由姚瑞汉、姚友仁和姚金灶在南洋发起募资，修建而成。先募得资金十八万元人民币（折合后），其中姚子兴和姚永霖出资十三万五千元，其他海外乡亲共四万五千元，后又追加两万元，总计二十万元人民币。姚氏纪念堂于1980年破土动工，1982年竣工，前后历时五年。工程由姚孙龄、姚道华等负责。

　　东源华侨历来爱国爱乡，百年来他们虽身在海外，却心系故土，一如既往地支持家乡的事业。传承至姚瑞汉他们，已是第二代或第三代了。在他们当中，姚瑞汉是姚为祺的公子。姚为祺是东源第一位到

东源姚氏纪念堂旧照（东大村供图）

达南洋的华侨，他在吉隆坡开创了事业，引领了无数乡亲到达南洋，厥功至伟。姚子兴和姚永霖皆出自姚丰隆家族。姚子兴的父亲姚焕章即姚文瑞的公子。姚文瑞是姚丰隆的三弟，是韶源小学的创始人之一。姚子兴在祖国改革开放后回国，做了许多公益事业，捐资医院，修桥铺路，功留青史。莆田平民医院妇幼大楼"姚焕章纪念楼"就是以他的父亲的名字来命名的。姚永霖的父亲是姚孟祥，姚孟祥是姚丰隆的兄长。

韶源小学新教学楼和近旁的姚氏纪念堂（陈骋摄）

改造修缮中的姚氏纪念堂（陈骋摄）

建成后的姚氏纪念堂位于姚氏宗祠背后，其形制类似今天的影剧院，钢筋混凝土结构。在纪念堂里，北有戏台，中为礼堂，南有三层，建筑面积约一千平方米。纪念堂一般是为纪念著名人物而建造的特殊建筑物，但东源姚氏纪念堂并不为纪念而建，它的主要功用在于演戏和举办宴席。

卢氏宗祠

卢氏宗祠，其旧址最早坐落于姚亚坚大厝东侧，姚孟瓒姚孟琼姚孟瑞昆仲七间厢西侧。原有五间三开门，中大左右小，后筑土石，前置直木，建造年份不详。中华人民共和国成立后被征用为仓库，后全部拆除。

20世纪80年代初，卢善美捐出其地，卢桂秋、卢顺德等人在南洋发起募捐，共募资二十五万元人民币（折合后），于1984年破土动工兴建。卢善美和卢顺德皆出自卢孝嘉家族，其中卢善美为卢孝嘉的公子。卢孝嘉于20世纪初创建了万新兴公司。卢桂秋出自卢添贵家族，卢添贵则创建了万盛兴公司。彼时，卢桂秋和卢顺德在印度尼西亚巨港经营银行，卢善美则在香港经营酒店等业务。

现卢氏宗祠位于今东官路旁，五间三开门，坐东朝西，建筑面积约两百平方米，其规模与原址相当。东源卢氏郡望为范阳。范阳卢氏出自姜姓，齐后裔，因封地卢邑而受姓卢氏。世祖卢敖，秦始皇召为五经博士，徙居范阳（今河北定兴固城），子孙迁居至涿水一带，以范阳为郡望。范阳卢氏为自魏晋至唐时期的中华四大名门望族（崔卢王谢）之一。从南北朝时期名臣卢玄起至其曾孙，一家百口，为官著名而被史传记载者就有十八人。史称"范阳卢氏，一门三公主"。故有"望出范阳，北州冠族"之说，其族贤良辈出，勋业灿烂，文豪蜚声。乾隆皇帝曾诗赞："自古幽燕无双地，天下范阳第一州。"

卢氏与姚氏为东源两大姓。卢氏一族进入东源的时间已不可考，但比姚氏早。卢氏与姚氏一族关系良好，历史上姚卢两族一直联姻，早已血脉相通，连理同枝。

卢氏华侨中以卢孝嘉和卢添贵最为杰出。他们早年下南洋，在印度尼西亚望加锡各自创建公司，生意极为兴隆。卢孝嘉在与同村王荪做生意后，获得王荪大厝的一半。卢添贵则于20世纪50年代在涵江构筑房子，坐落于华侨新村内。

| 卢氏宗祠（东大村供图）

四

百年韶源小学史略

韶源小学创建于1917年，最早由姚文霖、姚文瑞捐资，校址暂借于姚氏宗祠，定名为"东源初级小学"，聘请林道安为首任校长。这是当时莆田县第一所山区农村私立小学。姚文霖又名来喜，系万丰隆公司创立者之一姚丰隆之四弟；姚文瑞因在家族内排行第十五，故又名文十五，乃姚丰隆之三弟。其后继续筹资购买建筑材料，在姚氏宗祠东侧修建新校，由姚顺负责。姚顺字孟彰，一名文隆，因在家族内排行第十二，故又名顺十二，乃万丰隆公司股东之一。

自从1892年姚为祺走出国门远赴南洋创业成功之后，东源人此后也陆陆续续奔赴南洋，大都聚集在印度尼西亚望加锡。望加锡是印度尼西亚南苏拉威西省首府，也是苏拉威西岛上最大的城市。望加锡坐落于苏拉威西岛的西南部，濒临望加锡海峡。16世纪时，望加锡国

山间盆地中的东大村，韶源小学新教学楼是最高楼（东大村供图）

魁山侨屋漫话

王维持着自由贸易的政策，让到来的商人都能够进行贸易，并阻止荷兰在此垄断贸易的企图。同时，由于宗教宽容的政策，不同宗教背景的商人也可以自由贸易，逐渐让望加锡成为整个东南亚的贸易中心，贸易远至阿拉伯及欧洲等地。

从20世纪初开始，东源乡亲陆续到达望加锡，他们先从拉黄包车开始，接着开设自行车修理铺，继而经营自行车配件业务。到了20世纪20年代初，他们事业有成，姚丰隆、姚万丰和姚文霖等人遂联合族众共同成立万丰隆有限公司。万丰隆公司以车业为主，他们购买汽车，组成车队，将日用品运至山区销售，然后换回土特产运回望加锡再销售。生意极为兴旺，到20年代末，公司不断发展，延伸至泗水、

| 韶源小学大门（东大村供图）

雅加达诸地。姚文霖、姚文瑞和姚顺等人萌发了在家乡兴学办校的愿景。为此，众人筹集了一千大洋（银圆），并由姚顺专门回国主持修建。

韶源小学并没有一个正式的董事会，姚顺也只是掌管从南洋寄回来的捐款而已，他是沟通韶源小学和南洋之间的桥梁。1955年姚顺去世后，由姚子珍接着掌管这些款项。不久姚子珍又远赴南洋，继任者为姚德兴。姚德兴尽心尽责掌管这些款项，并继续保持与南洋的沟通，直到20世纪80年代退休为止。早先的捐款主要由万丰隆公司提供，20世纪60年代万丰隆公司由姚丰隆家族掌管后，就由姚丰隆家族继续出资支持韶源小学的发展，到今天已逾百年。

1949年以前，韶源小学因为属于私立之性质，学校所有经费以及教职工的薪水皆由南洋捐款支出。1949年以后，人民政府将韶源小学定性为侨办公助，每年均给予一定的财政补助。20世纪60年代以后，韶源小学正式列入公办队伍，但即便如此，南洋的捐款也从未间断。所以韶源小学能够延续至今，与万丰隆公司和姚丰隆家族的鼎力相助密不可分。由于姚文霖厥功至伟，他虽身在海外，但仍被奉为私立韶源小学名义上的董事长，其照片一直悬挂在教师办公室正中，直到20世纪60年代后才撤下。

早期创建的韶源小学位于姚氏宗祠东边左侧，规模不是很大，只有并列一排两间教室和一座两层的小楼房。教室与祠堂东墙间隔二十余米，遍植柳树。其间有一株古柳，树龄有几百年了，树间有一洞，足够容纳几人。柳林下摆放许多石桌石椅和石条，是读书休闲的好去处。那时校门开在教室前方。走出校门有一个很深的大池塘，池塘边也遍植柳树。柳树倒映在清澈的池水中，一条小渠流向池塘，每天水声潺潺，风景独好。

魁山侨屋漫话

韶源小学（陈骋摄）

最早的韶源小学只有初小，实行"一长一员"制。直到1930年才办起高小，教师也陆续增加。校名几经变更，最后定名为"莆田县私立韶源小学"。由于只有两间教室，姚氏宗祠遂向小学全部开放，在里面办了两个班，教师办公室和食堂也设在其间。韶源小学的生源并不局限于东源村和大岭村的孩子，方圆三千米内的村庄，例如上后、官庄和东山的学生也来此上学。随着生源的不断扩大，姚氏宗亲遂将真耶稣教堂（如今的迎仙驿）让出给学校使用。真耶稣教堂修建于1940年，是真耶稣教传入福建以后留下的实物。据说整个福建仅保存八座真耶稣教堂，东源的就是其中之一。不过信奉真耶稣教者毕竟不多，故这座教堂在建成以后就很少派上用场，因而成为韶源小学的一

116

个组成部分。20世纪60年代，人民政府拨款又在姚氏宗祠的西边修建了两层教室，上下各两间，使之与东边对称。随后，韶源小学得到了空前的大发展，从原来的小学升格至初中，在那时谓为"附中"。当时的学制，初中只有两年，每个年级各有两个班级。由于教室不够用，又启用了黄水英的侨屋。直到1978年，才将初中的两个年级完全撤并。

韶源小学的第一任校长是林道安，其生卒年已不可考。他于1924年秋卸任后，由黄德芳担任校长。他是江口石庭人氏，从1924年开始担任韶源小学校长，一直到1955年，历经三十余年。黄德芳文武双全，据说他曾用步枪打死了一只闯进校园的老虎，一时轰动四邻。黄德芳的妻子黄少英也长期在韶源小学任教，他的儿子黄兴亚也在韶源小学短暂任教。黄德芳的几个子女相当出色，中华人民共和国成立后都以优异成绩考入著名高校。

韶源小学的第三任校长是朱焕基，他只是短时间地担任过校长。第四任校长黄焕章也是石庭人氏，20世纪40年代末，他还很年轻时，就开始在韶源小学任教，黄德芳担任校长的时候他担任教导主任。第五任校长是陈东初，字涵咏，他原是莆田城里后塘人氏，1941年到韶源小学任教，后又在东源村入赘，遂成为东源人氏。陈东初担任校长长达十年，直到1968年因所谓的"历史问题"被免职为止。陈东初在韶源小学任教的时间最长，可谓把一生都献给了韶源小学。他教出来的学生无数，东源村以及四邻村庄的孩子大都是他的学生，可谓桃李满天下。这些人有不少后来都非常出色，其中有专家、教授、作家、企业家。印度尼西亚爱国侨胞林友德早年受教于陈东初，因为林友德来自外村，本村的个别学生会欺负他。陈东初知道了，批评并惩罚了那些学生，这让林友德牢记并感恩一生。林友德在南洋事业有成

后，每次回国无论多忙总要抽空去看望先生，一时传为佳话。陈东初于 1960 年成为中华人民共和国科学技术协会会员。

百年韶源小学，还涌现出不少优秀的名师。姚德兴于 1953 年进入韶源小学，从那时起他就一直在韶源小学任教，为学校和学生服务一生。陈道添和姚道华也分别于 1954 年和 1957 年进入韶源小学，他们也与陈东初一样，进了韶源小学就从未想离开过，几十年如一日地陪伴着他们的学生。正是这些优秀的良师支撑起韶源小学义务教育的天空，让人肃然起敬。

从韶源小学毕业的学生中，第一个考上大学的是姚震美，他于 1947 年考上上海大夏大学土木工程系。大夏大学是 1924 年因学潮从厦门大学脱离出来的部分师生在上海发起建立的一所综合性私立大学，初名大厦大学，"大厦"即"厦大"的倒置，后来取"光大华夏"之意定名为"大夏大学"。抗战期间曾西迁贵阳，一度与复旦大学合并为中国历史上第一所联合大学，战后迁回上海。1951 年 10 月，大夏大学与光华大学合并成立华东师范大学，成为中华人民共和国创办的第一所师范大学。

黄德芳校长最得意的门生是陈珍贵，东源人氏。据说他十分聪明，有"三好"：字好、文好、珠算好。后来当过保长，1949 年前还与村人姚友文、姚友德、姚瑞霖、姚子美等前往福州开了一家名叫"万成"的布店，并任经理，成就了一段商业佳话。韶源小学毕业的学生中，第一个考上莆田第一中学的是姚万春，他于 1955 年考入集美航海学校，毕业后一直在福州马尾造船厂工作，获得了高级工程师职称。

由于韶源小学教学质量相当优异，中华人民共和国成立后从这里毕业、后来又考上大学或中专的学生不计其数。

韶源小学因为东源村海外侨胞的鼎力相助，在百多年间为国家培养了一大批优秀人才，这对于一所位于穷乡僻壤又身处动荡不安的时代的小学来说，绝对是一个奇迹，值得大书特书，让韶源小学永载史册。由于本文在撰写时，许多往事已时过境迁，甚至许多当事人的记忆也模糊不清，因此亟待有关人士能够提供资料，逐步补充完善。

五

东源华侨名人传略

莆田市涵江区江口镇东大村由两个自然村组合而成，一是东源村，一是大岭村，各取村名的第一字，曰东大村。东大村自古以农耕为主，地瘠民贫。从1892年开始，一百多年来，东源人为了摆脱贫困，告别亲人，前赴后继，不惜以身涉险，背井离乡，万里迢迢，漂洋过海，远赴南洋。他们在异国他乡白手起家，艰苦创业，备尝艰辛，成就了一部部商业传奇。

在这个过程中，先后涌现出许多杰出的人物，比如，姚金榜、姚丰隆、姚万丰、姚友谅等。他们披荆斩棘，开拓进取，创立公司，不同凡响。他们当中许多人虽身在海外，仍心系故园。姚为祺家族早在民国时期就开始捐资家乡建设，其公子姚瑞汉继承遗志，在改革开放后继续为家乡建设出大力。姚顺（姚文隆）于20世纪50年代即捐资创建医院和学校，修桥铺路，至今传为美谈。姚丰隆家族的姚子兴更是捐资家乡建设，造福桑梓，成就一段佳话。

东大村环境优美，人文气息浓厚。韶源小学创建于1917年，在百年风雨里，可谓桃李满天下，培育出一批又一批的新生力量，为社会提供了一大批德才兼备的优秀人才。这些人中，先后涌现出专家、教授、作家和企业家，更有革命家和著名侨领。其代表人物为陈国柱、林友德、姚宗元、陈章武、陈章汉、姚孙华等。

东大村名人如群星般璀璨，历经百年风雨洗礼，一旦抹去尘埃，

仍熠熠生辉。时光荏苒，还有许多名人比如姚丰、黄金榜、姚裕宝、姚裕成等，他们的事迹早已湮没在历史的风沙里，无法详尽记述。事实上，这里所列示的，也不过是浮光掠影而已。我们期待有识之士能够提供他们的生平资料，有待逐一补充。

东大人前赴后继，书写了一幅幅波澜壮阔的人生画卷，演绎了一段段可歌可泣的动人故事。他们在为国家和人民建功立业的同时，也成就了自己的人生辉煌，实现了自身的价值。他们无愧于所处的时代，也无愧于生养他们的这片土地，他们是家乡人民的骄傲。东大人的成功是一种群体性的成功，实际上这是中华民族自强不息的一个缩影。

成功除了来源于自身的品质和有利的环境外，还需要一个良好的家风。东大人祖祖辈辈吃苦耐劳，天下为公，他们把优良传统一代一代地传承下去，这才使得"江山代有才人出，各领风骚数百年"。希望能有更多的人从这里了解他们的创业史，体悟爱国爱乡的情怀，为实现中华民族的伟大复兴、建设繁荣富庶的美丽家园，增添力量的源泉。

姚为祺

姚为祺（1872—1929），字学蠡，一名寿美。他于1892年赴马来亚吉隆坡，先出卖劳力谋生，三年后到一家机器公司学习装配，同时学习修车技术。1899年，他离开机器公司，独自开设福隆兴自行车修理铺。不久，他取得英国名牌自行车的代理权，销售自行车。姚为祺在经营车业的同时，又进军橡胶园经营，仅仅几年中，他就拥有橡胶园两百多英亩。当时，橡胶树在马来亚还处于试种阶段，他就已看出了它的前景，这实在是目光如炬。姚为祺事业有成后，一方面捐资支持家乡公益事业建设，一方面提携乡亲至南洋创业。由于他带好了头，家乡人包括福清新厝江兜王氏在马来亚、印度尼西亚、新加坡等地经营自行车业以及汽车业的人不断增加。到20世纪30年代，终于形成"兴化帮"，各种车业应有尽有，规模较大的车商超过五千家。经营种类繁多，如汽车公司、摩托公司、公共巴士公司、罗厘运输公司、汽车零件制造厂、汽车轮胎公司等，与车业有关的各种行业也应有尽有。除了原有的各个国家、地区外，经营范围又扩张至泰国等国家和地区。单就新加坡和马来亚两国，"车商公会"等组织就有三十个以上。福莆仙人在南洋的车业占了绝对的优势地位。因此，姚为祺被誉为"脚车业始祖"。

姚孔誉

姚孔誉（1874—1953），又名五哥，是较早出洋的东源华侨，仅晚于被誉为"脚车业始祖"的姚为祺。在马来亚吉隆坡，他曾与姚为祺合作，做黄包车生意，后独自开设自行车修理店兼出售零部件。最终加入万丰隆有限公司，并成为主要股东。五哥发达后于20世纪20年代回国，一边创办企业，一边热心公益事业。五哥在东源村邦洋里开辟果园，栽植三千多株龙眼树，兴建焙房，发展经济。又在东源村前坑桥头开办火力发电厂，使得东源村成为最早拥有电灯照明的乡村，这在20世纪30年代是不可想象的事。此外，他还创建了一家碾米厂，惠及全村及邻村的村民，使他们免去了春米推磨之劳，更好地解放了生产力。他还兴建西洋厕所，实行厕所革命，让其他村民效仿，极大地改善了农村卫生条件。他一手主持建造了真耶稣教堂。这座教堂即如今的迎仙驿，共有两层，呈西洋风格，钢筋混凝土框架结构，至今依然耸立在村中央，成为东源华侨建筑的标志之一。姚孔誉是五哥六角亭大厝的最早建造者，这座建筑物现在已成为东源华侨民居的代表性建筑物。五哥家族人才辈出，其侄儿姚万丰即是万丰隆有限公司的创始人之一，长子姚友谅则创建了大名鼎鼎的南洋汽车有限公司。南洋汽车有限公司位于印度尼西亚望加锡，已近百年之久，至今仍然在经营中，并且生意兴隆，可谓基业长青。

姚丰隆

姚丰隆（1874—1956），一名禹，因排行十三，又名禹十三。民国初年远赴印度尼西亚望加锡，起先拉黄包车，不久就开办自行车修理铺。后与堂弟姚万丰发起成立公司。他们各取名字中的"万丰"和"丰隆"，为公司取名"万丰隆"。万丰隆经营汽车、摩托车修配和汽油、汽车交易，最后发展至汇兑业务，名满整个东南亚。随着生意的不断扩张，他们就吸引其他堂兄弟加入公司，后来总计有十二个股东。20世纪二三十年代是万丰隆最美好的时代。堂兄弟们齐心协力，众志成城，企业欣欣向荣。万丰隆公司以车业为主。他们购买汽车，组建车队，将日用品运至山区销售，然后换回土特产运回望加锡再销售。万丰隆生意极为兴旺，不断发展，20年代末，子公司延伸至泗水、雅加达诸地。由于万丰隆公司财力雄厚，凡股东欲建房者，皆由公司出资按股份大小拨款。于是，东源华侨民居开始出现。公司每年都分红，并且在每年春节前，给股东在老家坚守的亲人每家汇去两百元国币，那时一元可以买到十三斤猪肉。股东出去独自经营的，一律由公司出资。万丰隆最终只留下姚丰隆一个家族继续维持，直到60年代。姚丰隆在组建和经营万丰隆的过程中厥功至伟，创造了一个庞大的多元化商业集团，让其他乡亲可以在此落脚生根，共同创业，摆脱贫困，共同致富。

魁山侨屋漫话

姚顺

姚顺（1874—1955），字孟彰，一名文隆，在家族内排行第十二，故又称顺十二，莆田平民医院的创始人。姚顺早年读过私塾，是家族内较早到达南洋的人。民国初年，赴南洋不需要护照。那时，姚顺和他的堂兄弟从厦门乘船启程，漂流至印度尼西亚望加锡。姚顺也是从拉黄包车开始艰苦创业，接着开设自行车修理铺，兼出租黄包车。20世纪20年代，姚顺加入万丰隆有限公司，成为股东之一。后从万丰隆分拆出去，创建万瑞隆有限公司。姚顺发达后于1930年携巨资回乡，建造"德有邻"大厝。姚顺在家乡时，慷慨解囊，热衷公益事业，修桥铺路，与姚丰隆共同出资建造萩芦大桥。1950年，姚顺创办莆田平民医院，成立医院董事会，并亲自担任董事长。他借用江口石厝旧屋设立病房，招募姚道进、姚金荣、姚玉清和姚明扬四人到莆田平民医院工作，医院得以顺利开张。1953年，姚顺又不惜变卖私人黄金，在江口东来寺旁建造门诊大楼，这样就使得莆田平民医院初具规模，更好地服务于缺医少药的家乡人民。今天，莆田平民医院早已成为二级甲等医院，依然承担着救死扶伤的使命，发挥了它应有的作用。姚顺在公益事业上做出了卓越贡献，没有因时光流逝而磨灭，将永载史册。

姚文协

姚文协（1883—1966），小名协哥。早年种田，吸过鸦片。有一天他看到涧边的一棵龙眼树，于是异想天开，将树锯掉修剪成"牛犁"的模样，招致村中长者责骂，说他没出息。他深受刺激，惶恐中决定跟随乡人下南洋闯荡，到了印度尼西亚望加锡，进入万丰隆公司做事。数年后，姚文协离开万丰隆公司，决心自己创业，到望加锡一个名叫生港的小镇创建了万盛兴公司，又名生港万丰隆，从事自行车、汽车配件和汽油生意。当时，有一家与万盛兴同名的英国公司，也从事汽油生意，与姚文协的万盛兴有业务往来。经过几年的商业活动，姚文协终于发家致富，决定在家乡建房。但他自己并没有回国，而是将建房任务交给其堂弟姚文合。姚文协大厝是一座中西合璧的华侨民居，建筑精美，在艺术价值上名列东源前茅。姚文协于1948年回国庆祝乔迁之喜，特地来到涧边，将"牛犁"改为"牛刀"，这是后话。姚文协少时顽劣，但他能够改过自新，奋发图强，最终成就事业。人孰能无过，改之，则善莫大焉。目前，姚文协后人已经将大厝捐献给村子，由村子统一管理。

魁山侨屋漫话

姚万丰

姚万丰（1884—1946），字孟起，一名玉，因在家族内排行第十八，故又名玉十八。姚万丰出自姚孔誉（五哥）家族，系姚孔誉之侄，万丰隆有限公司创始人之一。姚万丰于民国初年到达印度尼西亚望加锡，从经营自行车修理铺开始，后与姚丰隆共同发起万丰隆有限公司。万丰隆公司先从事修理并出售自行车业务，垄断了英国名牌"莱斯""哈久里"和荷兰名牌"鹿标"自行车的经营权。后又增加摩叨（摩托车）、汽车零部件销售及修配业务。姚万丰在经营万丰隆有限公司的过程中，其重要性同等于姚丰隆，对万丰隆公司的发展做出了卓越的贡献。万丰隆公司具有大爱精神，在引领乡亲到南洋创业、共同致富方面，特别引人瞩目，从而获得了广泛赞誉，这与姚万丰的行事风格密不可分。姚万丰是姚万丰大厝的主要建造者。这座大厝先后修建过三次。原先为姚孔誉所建，但是原大厝建得既矮小，光线又差。姚万丰于20世纪20年代回国后见此情景，决定重新翻建大厝，遂形成了今天所见的基本规模和样式。姚万丰后来从万丰隆公司分拆出去，独自成立了万丰有限公司，并将公司迁至泗水。姚万丰去世后，其子姚道德和姚添喜继承父业，继续经营万丰有限公司，至今已历三代，也可谓基业长青了。

姚文祥

姚文祥（1884—1944），小名五妹九，东源村一位英雄式的传奇人物。姚文祥民国初年到达新加坡，从事苦力。后到印度尼西亚，曾在万丰隆公司做事。姚文祥在赚得一笔钱后遂回国建屋，在古秋枫树下建得一楼，曰"文祥楼"。这是一座框架结构的双层四目房，外墙和内墙皆夯土，二层及楼梯为木构，顶层却以钢筋混凝土浇灌，再施以葫芦瓶护栏。两层正面墙体皆有彩绘，或麒麟或飞凤或麋鹿或白象。文祥楼最有创造性的是在一层阳台上筑有葫芦瓶护栏，这使得其楼别具一格，颇具西洋色彩。姚文祥为人刚正不阿，疾恶如仇，好打抱不平，但绝不凌弱欺小。他对村中游手好闲之徒敢说敢管，连无赖地痞也对其畏惧三分，从来不敢在他面前惹是生非。当时莆田山中巨匪郭楼古经常进犯东源村，姚文祥数度带头率领村民迎战，击退匪徒。这使得匪徒视姚文祥为眼中钉，欲除之而后快。1944年的一天，郭楼古率匪再次进犯东源村，姚文祥第一个在自家楼房顶层提枪迎敌，不幸被匪枪击中，英勇牺牲。姚文祥是东源村为数不多殒命于匪枪的人之一。姚文祥之子姚震美是东源村姚氏中第一个考上大学的人，于1947年考入上海大夏大学土木工程系。

姚文瑞

姚文瑞（1885—1940），字孟达，小名阿三，系姚丰隆之三弟，因在家族内排行第十五，故又称文十五，是姚丰隆大厝的基建者。姚文瑞早年也漂洋过海前往印度尼西亚望加锡，与姚丰隆等人共同创业，后来成为万丰隆有限公司的股东。姚文瑞热心公益事业，曾主持建造村南和村北两座碉楼（其中村北碉楼后来被毁），为东源村构筑安全防护体系。姚文瑞的家风极好。长子姚焕章为万丰隆雅加达公司董事长，曾为韶源小学捐建一栋教学楼。20 世纪 80 年代，东源姚氏纪念堂建造时，在十八万元人民币的捐资中，姚丰隆家族（即姚焕章、姚焕德、姚永霖和姚振德诸人）占三分之二。姚焕章之子姚子兴于 20 世纪 90 年代捐建平民医院妇幼大楼，这座楼被命名为"姚焕章纪念楼"，其大堂中心就矗立着姚焕章铜像。姚文瑞次子姚焕德 20 世纪 40 年代即出任雅加达兴安会馆主席，也是一代著名侨领。1945 年，他积极参与莆田锦江中学筹建并募资，为锦江中学的创办立下汗马功劳。

姚友烂

姚友烂（1888—1977），字孟养，在家族内排行第二十，又名烂二十，既是姚万丰的堂弟，又是连襟。他少读私塾，年十九父卒，遂担家庭大任。民国初年远赴印度尼西亚望加锡，从修理自行车起家，后被邀进万丰隆公司，成为十二大股东之一。不久离开万丰隆，在望加锡马律创立万美兴公司。由于经营得法，声名大振，身家大涨，于1917年回老家在宅里东边下间建房。姚友烂事母至孝，为探母先后七次往返于中国与南洋之间。1939年，他转让一家分店给同村姚孝蓍，姚孝蓍三年后即回乡建起一座五间厢。他留下养子姚为霖、长女姚玉春在南洋继续经营万美兴，自己携妻带子，怀巨款七万国币回乡。原想建七间厢大厝一座，因宅基未能落实，迟迟未建。姚友烂乐于助人，见其堂弟姚孟瓒建房款项未到，遂将七万国币借出，伺三年后归还时，已大幅贬值，再建房已无可能。姚友烂为人正直，其堂兄姚丰隆因大厝无人看护，曾数次将房产清册、大厝钥匙委托姚友烂，均被婉辞。姚友烂育有四子四女，家教甚严。长子姚为美，1947年赴南洋经商。次子姚道进，1951年进入莆田平民医院，后参军，荣立三等功，后又保送至福建卫生干校，再回莆田平民医院。三子姚道义，1958年考入福建农学院。四子姚道明，1958年考入福建师范学院。

姚金榜

姚金榜（1889—1960），姚为祺的族人，民国初年赴马来亚吉隆坡，先跟随姚为祺，后自立门户经营，再创立中和有限公司。中和有限公司从石油、橡胶业务，拓展至银行业，生意蒸蒸日上，姚金榜遂成为福莆仙华侨中的首富，书写了一部商业传奇。从20世纪30年代至40年代，姚金榜的声望如日中天。1934年，他参与创建吉隆坡雪隆兴安会馆，成为马来亚著名侨领，其实力和地位与20世纪80年代名震东南亚的福清林绍良相当。姚金榜是一位爱国华侨。他曾于40年代在桥尾（今隶属福清市新厝镇）海下捐资创建妇产科医院，这是莆田最早的一家乡村专科医院，使得四方八邻的乡亲受益。该妇产科医院共有两层，建筑面积两百余平方米，有一个医生，三个护士。中华人民共和国成立初期，姚金榜又积极援助支持人民政府。1950年他回国时，当时的莆田县政府曾经为他举行了非常隆重的欢迎仪式。但是姚金榜于50年代从马来亚逃亡法国，最终病逝于异国他乡。查阅史料可知，这与当时的马来政府迫害华侨有关。他从未忘却自己的祖国，从未忘却自己的家乡，虽九死而不悔，展现了伟大的爱国情怀。

姚文霖

姚文霖（1890—1970），字孟邻，又名来喜，小名阿四，姚丰隆之四弟，韶源小学创始人。姚文霖早年与其兄弟共赴南洋，艰苦创业，后参与创建万丰隆有限公司，并成为股东之一。彼时姚顺看到家乡孩子无处就读，遂产生办学之强烈愿望。1917年，姚文霖联合姚文瑞和姚顺等人，共筹集了一千大洋（银圆），由姚顺回国主持修建。从那时起，地处偏远的东大村就有了一所小学，并且延续至今，已历百余年，造就了一大批人才，功在千秋，使得东大村人文荟萃，文化底蕴深厚。姚文霖厥功至伟，他虽置身海外，但仍被奉为韶源小学名义上的董事长，其照片一直悬挂在教师办公室正中，直到20世纪60年代后才撤下。姚文霖之子姚振德为人耿直，敢于正言，慷慨无私。对于前来印度尼西亚的乡亲，无论是否相识，皆一视同仁，并且往往出力，为其奔走。他在沟通海外与家乡方面起到了桥梁的作用。

姚孟瓒

姚孟瓒（1900—1966），小名细妹，少孤苦，八岁时父母双亡，十四岁时由堂兄弟们携带下南洋，到达印度尼西亚泗水，进入万丰隆公司泗水分公司做事。1918年姚孟瓒回国省亲，成家立业，两年后携带家眷再赴南洋。由于堂兄弟亲密无间的关系，姚孟瓒昆仲获得干股，成为万丰隆公司股东。后来万丰隆又成立了一家分公司万仁里，由姚孟瓒主持经营。1936年，姚孟瓒承万丰隆公司关照，回国返乡建房。房子竣工后，他想再次前往泗水，结果碰上日军封锁南洋，并且家乡匪患极为严重，需要男丁守护，于是姚孟瓒留在了家乡，不再前往南洋。姚孟瓒昆仲建有传统七间厢样式的大厝一座，形制宏大厚重，共有三层，厅堂楼层及立柱以钢筋混凝土浇筑，二层以上则以木料构建。所用石材均手工打磨，做工精致考究，光是打磨工钱就花费了相当于当年七十六担大米的价格。姚孟瓒姚孟琼姚孟瑞昆仲七间厢多彩绘，其画栩栩如生，造型丰富；其色鲜艳耀眼，至今不败。由于战乱导致交通阻断，现金无法汇回国内，原来规划的两边下间也没有继续建造，二楼的木料门窗也未能上漆，但仍具有较高的艺术观赏价值。姚孟瓒育有九子七女，长子姚文龙1945年考入福建警察学校，毕业后进入警政部门工作，1949年到台湾。

姚德盛

姚德盛（1900—1992），字孟福，民国初年随其长兄姚德仁、次兄姚德芳下南洋，到达印度尼西亚望加锡，进入万丰隆公司做事。后离开万丰隆前往雅加达，独自创建了自己的公司，兴办工厂，专业生产自行车轮胎。姚德盛爱国爱乡，热爱公益事业。20世纪80年代，他频繁回国，先后捐资三十余万元人民币，修建"孔子井"，铺设村道，联合其他爱国侨胞捐资购买手扶拖拉机、货车等，赠送给老家村民，帮助家乡逐步实现农业机械化。在这个过程中，姚德盛总是不甘落后，每次捐资都积极参与，并且是出大头。姚德盛的义举在东源村获得了广泛的赞誉。姚德盛昆仲在村中原来建有一座大厝，后来所说的三十三座东源华侨民居就有姚德盛昆仲建造的一座，可惜在"村改"中被全部拆毁，以致现在踪迹全无。姚德盛有女嫁与同村华侨姚来富，与其结为亲家。姚来富系姚孔誉之侄孙、姚万丰之侄。这个家族拥有相当强的实力，姚孔誉之子姚友谅创立了南洋汽车有限公司。姚万丰又系姚孔誉之侄，后来创立了万丰有限公司。

姚春荣

姚春荣（1901—1983），字子楼，十九岁时随乡人远赴南洋，到达印度尼西亚望加锡，先进入万丰隆公司做事，后独立出去经营。姚春荣披荆斩棘，艰苦创业，生意蒸蒸日上。20世纪50年代是姚春荣生意鼎盛的年代。那时他进入银行业，最多时曾经营九家银行，控制了印尼整个望加锡地区的金融。姚春荣虽然身在海外，然而心系故园，关注家乡。20世纪60年代初，国家正处在三年困难时期。1962年，姚春荣回国探亲，目睹了乡亲们实际的生活状况。于是，他从日本购买化肥一百多吨运回家乡，无偿捐献给家乡人民。当年一斤化肥价值人民币十五元，一百多吨化肥则价值三百多万元。与此同时，他还购买手扶拖拉机等农业生产工具，一并捐给家乡人民使用。姚春荣的义举得到了当时莆田县人民政府的表彰，获得了父老乡亲的广泛赞誉。姚春荣家族具有良好的家风，并且这种家风得到了很好的传承。他的侄儿姚孙华后来在家乡也积极参与公益事业，获得社会好评。

卢陈氏硋灶

卢陈氏硋灶（1901—1982），早年从邻村硋灶（位于如今的福清市新厝镇，从东源翻越一个不高的山岭即到）嫁至东源。青年时代卢陈氏随丈夫卢耀存一同远赴南洋，到达印度尼西亚雅加达经商。由于其夫体弱多病，卢陈氏独自承担养家的重任，养成了坚韧不拔的品性。1933年其夫病逝后，卢陈氏变卖所有在南洋的财产后回国建房安居。卢陈氏回到家乡后长期担任甲长。20世纪30年代匪患极为严重，巨匪郭楼古经常骚扰并洗劫附近村庄。东源村为了自卫，修建碟楼，大量购买枪支弹药，又接受了国民革命军第十九路军路过时遗留下来的一批轻重武器，分别成立了男女手枪队。卢陈氏那时担任女子手枪队队长，她英姿飒爽，能够使用双枪，几乎百发百中。当时巨匪郭楼古也望之胆寒，不敢轻易前来冒犯，使得东源村基本上得到了长治久安。卢陈氏硋灶是东源妇女的杰出代表。

姚友谅

姚友谅（1906—1956），小名阿乜，系姚孔誉（五哥）长子，南洋汽车有限公司创始人。姚友谅早年在万丰隆有限公司做事，也是万丰隆的股东。后来他脱离万丰隆公司独自出去经营，是第一个离开万丰隆的人。离开万丰隆后，姚友谅随即创建了南洋汽车有限公司，建有一幢四层大楼，拥有七家子公司，仅一个车库即可停放四十辆卡车，员工百多人。20世纪40年代，南洋汽车有限公司快速发展，紧追万丰隆有限公司，直至与万丰隆齐名，可谓旗鼓相当。姚友谅于20世纪40年代回国，见其父姚孔誉所建的大厝为堂兄姚万丰拆掉重建，心有不甘，试图再次拆除重建，后被宗亲制止。姚友谅遂决定于大厝下间前加建两个六角亭，重金聘请两支外国工程队前来东源设计施工，这就是今天能看到的姚万丰大厝的独特样式。南洋汽车有限公司在整个东南亚声名显赫，传承至今，已历三代，基业长青。姚友谅去世后，继承人是其女姚玉梅。由于南洋汽车有限公司大名鼎鼎，声誉卓著，至今许多乡亲到望加锡后，都要到"南洋"去看看。乡亲们往往会被问起："到'南洋'了吗？"而许多乡亲会回答："不是已经在南洋了吗？"原来这个"南洋"是指南洋汽车有限公司。也就是说，若没有到过"南洋"，就等于没有去过南洋。

姚孝靛

姚孝靛（1913—1941），小名阿震，原籍今福清市新厝镇凤迹村，幼年时被抱养至姚家，遂随姚姓。1931年，年仅十八岁的姚孝靛漂洋过海，到达印度尼西亚望加锡，进入万丰隆公司做事。五年后，他向另一位华侨姚友烂购买一间店面，从事自行车修理、出租业务，并销售自行车配件。姚孝靛诚信经营，生意蒸蒸日上，仅过了三年时间就回乡建房。他曾于1935年回国探亲，好友乡亲与其合影留念，照片至今保存完好。可惜姚孝靛因肺痨医治无效于1941年病逝，年仅二十八岁。姚孝靛英年早逝，是由于那个年代缺医少药，让他成了东源华侨中最具悲剧性的一个人物。姚孝靛建有四目房一座，坐落于村中宫庙前的戏台旁。这是一座样式很传统的莆田民居，共两层半，却没有采用土木结构，而是采用了钢筋混凝土结构。四目房前有宽敞的石埕，屋顶为歇山式曲线燕尾脊；檐口挂滴水和瓦当，并饰有彩绘图画；另外，还创造性地在东西外墙建有雨棚。主人充分利用屋后空地砌起水泥外墙，采用西式建筑形式，在顶楼浇灌钢筋混凝土楼层，颇具中西合璧的特色。整座建筑小巧玲珑，在东源华侨传统民居中独具匠心。

姚为让

姚为让(1916—1943),万发兴有限公司创始人之一,其兄姚为富,其弟姚为德。姚为让早年随其兄下南洋,到达印度尼西亚泗水,进入万丰隆公司做事。后来姚为让昆仲离开万丰隆公司,独自经营自行车修理铺;不久又创立了万发兴有限公司,主营车业。他们发家致富后,就回到家乡建房,名叫为富楼。为富楼是姚为让昆仲共同创业的成果。该楼主体结构是一座双层七间厢,加下间双层三间厢,形成一个三合院。二层护栏皆采用青绿色葫芦瓷斗,极具西洋创意,值得观赏。姚为让育有两男两女,皆事业有成。长子姚孝辉,早年随父至南洋,子承父业。姚孝辉也爱国爱乡,20世纪60年代祖国大陆三年困难时期,他为乡人族人捐献了大批粮油和化肥,帮助家乡人民共渡难关。80年代初回国时,借春节元宵之名,给乡人族人大发善款,敬献爱心。次子姚孝瑞,学业出色,1954年考入北京矿业学院,毕业后分配到福建冶金设计院工作,后获得高级工程师职称。长女姚美金,早年随夫至南洋,一直协助丈夫经商。次女姚美玉,学业出色,1958年考入福建农学院,后获得高级农艺师职称。

卢善美

卢善美（1922—1990），其父卢孝嘉早年远赴印度尼西亚，从修理自行车起家，后在万隆创建万新兴有限公司。卢孝嘉曾与同村的王荪做生意，后来王荪因为生意失败，将自己的大厝一半质押给卢孝嘉。卢孝嘉后来请他的堂弟卢孝康回国接管王荪大厝的一半房产。卢孝嘉在南洋时就热心公益事业，但不让别人知道，都是以堂弟卢孝康的名义捐款捐物，卢孝嘉当时在万新兴公司任总经理。卢孝嘉家教极好，抗战全面爆发后，卢善美与他的两个弟弟积极投身抗日活动中。他们组织华侨，向社会募集钱物，支援祖国的抗战事业。1942年，日军攻陷印尼后，他们依然奋力抗日，不为日军暴行所惧。卢善美的大弟卢善贤最终被日军捕获，他坚贞不屈，被日军装入麻袋活埋了。卢善美的另一个弟弟（其名未详）也被日军所杀。一家中出了两位英烈，可歌可泣。他们兄弟的所为正是"华侨是抗战的中流砥柱"的光辉写照。卢善美随后携带巨资约四千万港元出奔香港。抗战胜利后，卢善美定居香港，居住在铜锣湾一带，从事房地产生意，成为房地产巨贾。他为人忠厚，急公好义，对前来找他的乡亲一律以诚相待，尽力帮助，乡亲们无不感恩。

姚金灶

姚金灶（1926—2000），字书棋，早年就读于韶源小学，20世纪40年代中期随乡人下南洋，到达印度尼西亚雅加达，先从小生意做起，然后自己独立创业，陆陆续续购买了十余部汽车，创办了一家汽车租赁公司，从事商业运输生意。后加入雅加达兴安会馆，长期担任兴安会馆秘书长，尽心尽力打理各项事务，勤勉守正。姚金灶为人至善，对于前来寻其办事者，无论贵贱贫富，皆友好待之，因而广获好评。实际上，姚金灶自身生意不是做得很好，生活亦非富足，并且曾经很长时间依靠妻兄郭金森资助。郭金森，东源邻村上后人，曾任保长，后至南洋，在印度尼西亚雅加达创业，大获成功，富甲一方。姚金灶爱国爱乡，常怀赤子之心。他在兴安会馆组织海外华侨共同捐资，在家乡重建佑贤庙，修缮东源庵，兴建姚氏纪念堂，修桥铺路，为家乡的公益事业做出了重大贡献。

姚坤宗

姚坤宗（1926—），出生于东源家乡，其父彼时身在南洋，他从小由祖母一手抚养长大。姚坤宗早年就读于韶源小学，后以优异成绩考入莆田哲理中学。姚坤宗于1946年前后前往印度尼西亚，到达首都雅加达。姚坤宗并不依附其父，而是从远洋货船的船员做起，一直做到自己创办公司，最终进入银行业。又从一家银行，发展到旗下拥有十一家银行，主要分布在印度尼西亚，延伸至香港地区，事业可谓蒸蒸日上。姚坤宗具有相当的商业天赋和出色的经营才能，在同一代华侨中，姚坤宗的商业地位仅次于姚子兴，也是众望所归的侨领之一。姚坤宗是爱国爱乡的典型代表，虽身处海外，但对家乡倾注了无限的热爱之情。20世纪80年代，他参与捐献给家乡八台手扶拖拉机、两部货车，提高了农民的生产力，使当地农业初步走向机械化。他参与韶源小学的改造工程，捐资兴建一栋教学楼，极大地改善了办学条件。同时，他也参与捐资修建村道，优化交通设施。除了致力于家乡的公益事业外，他还参与捐资兴建江口侨联大厦和莆田县侨联大厦，让海外华侨回乡时更有归属感。作为有影响力的侨领，姚坤宗对家乡人关怀备至。家乡人到印度尼西亚也乐于找他，而他都会尽力而为，从而赢得家乡人的广泛称誉。

姚文茂

姚文茂（1928—2001），早年就读于韶源小学，出自姚丰家族。姚丰及其弟姚发早年同赴南洋，到达印度尼西亚泗水，创立姚丰有限公司。20世纪30年代，姚丰决定在家乡建屋，委托其弟姚发回国督建，取名为"怀远堂"。姚文茂系姚丰之侄，姚发之子。他于1951年取道香港，再转赴印度尼西亚。先是在其伯父的公司做事，后独立创业。他从小商小贩做起，再创立公司，从事自行车零配件业务，生产自行车坐垫、链条等，获得了成功。由于事业有成，姚文茂被推为泗水兴安会馆负责人，成为侨领之一。他事母至孝，祖国大陆改革开放后，他频繁回国探母。姚文茂热心家乡的公益事业，他捐资修缮水利设施，加固水渠；参与重建佑贤庙，修建东源庵；参与捐资兴建莆田市第一医院门诊大楼、莆田平民医院门诊大楼；并联合姚坤宗等华侨老乡捐资购买手扶拖拉机、农用货车赠送给老家，使得家乡逐步走向农业机械化。由于姚文茂在家乡的公益事业上做出了积极的贡献，他连续几届出席全国侨联代表大会，成为家乡人民的骄傲。

姚子兴

姚子兴（1929—2013），出自姚丰隆家族，其父是姚焕章。姚子兴早年就读于韶源小学。位于印度尼西亚望加锡的万丰隆有限公司，在20世纪30年代将业务延伸至首都雅加达，于是在雅加达成立万丰隆分公司。最早的董事长为姚焕章，其后是姚子兴，他是姚焕章的次子。雅加达万丰隆在姚子兴手中经营得有声有色，欣欣向荣。20世纪80年代后，姚子兴频繁回国回乡。他也热心公益事业，在家乡造桥修路，铺设全村路灯，支持家乡建设。他特别热心医疗卫生事业，先后在莆田市第一医院、莆田学院附属医院捐资建造门诊大楼以及其他医疗设施。20世纪90年代，他捐出三百八十万元人民币建造位于江口的莆田平民医院妇幼大楼。为纪念其父姚焕章，这座五层大楼被命名为"姚焕章纪念楼"，其一层大堂中心矗立着姚焕章半身铜像。姚子兴既是第三代华侨后裔中最杰出的一位，也是韶源小学最杰出的一位校友。他对家乡的公益事业做出了巨大的贡献，是姚丰隆家族的骄傲，足以功留青史。

魁 — 山 — 侨 — 屋 — 漫 — 话

▎东源华侨民居的西式雕饰（东大村、蔡昊等供图）

东源华侨民居的西式雕饰（东大村、蔡昊等供图）

魁山侨屋漫话

▎东源华侨民居的西式雕饰（东大村、蔡昊等供图）

东源华侨民居的西式雕饰（东大村、蔡昊等供图）

六

侨乡采访手记

细雨蒙蒙忆当年

春暖花开、姹紫嫣红时节,我受村镇及有关部门的委托,撰写我们村华侨民居的简介。我很愿意做这事,因为很早的时候,我就准备书写那一段逝去的历史,但是一直没有机会。这一次,我们村被省市立项规划为民居的保护区和游览地,这是村里人梦寐以求的大事,而我的梦想也可能成真了。

我们村叫东源村,是隶属于莆田市涵江区江口镇东大行政村的自然村,与福清市新厝镇交界。这里虽然三面环山,森林葱郁,溪流淙淙,却不算山区。因为往南有缺口可以途经江口镇通往兴化湾,而翻越东边的一座小山,就是新厝镇了。从那里,可以直抵无边无际的大海。东大村地处莆田市的最北边,是进入莆田的第一村,千年古驿道从村旁蜿蜒穿过。

我们村世代农耕,与别处的农村并无不同之处。但是,在19世纪90年代,我们村的姚为祺先生第一个从这里奔赴南洋,到达马来亚吉隆坡。他先是拉黄包车,继而开自行车修理铺,再后来开办公司,其生意从自行车零配件拓展至汽车和橡胶,获得了巨大的成功,书写了一部商业传奇。姚为祺为人真诚,热心于帮助他人。事业有成之后,

魁山侨屋漫话

他回到家乡，将一批批乡亲引领到南洋，互相帮扶，共同发展。

在这个过程中，先后涌现出许多杰出的人物，比如姚金榜、姚丰隆、姚万丰、姚裕宝、姚裕成等。他们披荆斩棘，艰苦创业，兴办公司，不同凡响。其中以万丰隆公司最为著名。万丰隆最早由姚万丰和姚丰隆联合创建，共有十二个股东，由三个家族组成。我的祖父姚友烂即是其中的一名股东。万丰隆发展到一定规模后，股东逐渐分拆，各自成立公司。其中最为有名的当属位于印度尼西亚望加锡的南洋汽车有限公司，其创建者为姚万丰家族的姚友谅。

许多东源人虽身在海外，但仍心系故园。姚为祺家族早在民国时期就捐资家乡建设，其公子姚瑞汉继承遗志，在祖国大陆改革开放后继续为家乡建设出大力。姚顺于20世纪50年代即捐资创建医院和学校，修桥铺路，至今传为美谈。姚丰隆家族的姚子兴更是捐助家乡，造福桑梓，成就一段佳话。他们爱国爱乡的精神让人感动，也让家乡人引以为豪。

许多东源人在海外成功创业后，理所当然地回乡大兴土木。这些私人住宅或传统或中西合璧，风格不一，颇具艺术观赏价值。这样的楼房大宅分散在村落中，有三十余处，这在20世纪二三十年代的中国算是一个奇迹，因此那时的东源村即有"小南洋"的美名，这是历史的见证，为我们留下一份珍贵的文化遗产。但是，这些楼房大宅多数年久失修，有些甚至在"文革"中惨遭毁坏，让人心痛不已。

而今居住在楼房大宅中的住户，有的已到耄耋之年，他们对于遥远往事的记忆已成为碎片；有的因为举家移居海外，大宅由其他亲人看护，他们无法说出当年建造的背景。这给我的采访带来了一定的难度。许多情形，只能在我的启发之下逐渐回忆起来，而我也只能凭借这些浮光掠影进行拼接。我想，如果再不抓紧时间采访知情者，再过几年，那些往事恐怕真的就要埋没在历史的风沙中，成为一个古老的传说了。虽然这种采访只是冰山一角，但聊胜于无。

　　写这篇采访手记的时候，夜已深沉，窗外正飘着蒙蒙细雨。我知道，我试图复原一段已被人忘却的历史，但最终得到的可能只是东鳞西爪。因为昔日的辉煌毕竟早已沉没于遥远的时空里，往日的繁华也早已消逝在烟雨的长廊中。"此情可待成追忆，只是当时已惘然。"虽然只是追忆，但也是一种收获。

魁山侨屋漫话

绿杨陌上多离别

  金榜楼距我家祖屋只有五十米左右。去金榜楼采访时，我找到了水英老人。现在金榜楼只有她一个老人居住了，她的两个儿子在外奔波，住在镇上。

  水英老人今年八十五岁了，她是黄金榜最小的女儿，在她上面还有四个兄姐。1932年，她母亲回国后不久就生下了她。那时，金榜楼刚刚开始建造，一直到她四岁时才竣工。再后来，因为南洋那边生意忙，加上一大家子需要照料，她母亲只好丢下她离开家乡，让保姆陪伴她。从此以后，水英就只能孤守在这座偌大的楼房里，一天到晚冷冷清清，没有一丝生气。

  "文革"前，她母亲还经常回国看望她，但每次都行色匆匆。金榜楼前有几株高大的垂杨，她们母女的每次离别总是从那里开始。每次离别时，水英都是哭着喊着，泣不成声，仿佛一场生离死别。而她母亲也总是一边流泪一边安慰，不知如何是好，其场面让人撕心裂肺。"我母亲总是说，老家需要有人照看。"水英老人说到动情处，不由得潸然泪下。"可是，照看的为什么只是我？"想象一下，南洋那边的那个大家庭是多么热闹非凡而生机勃勃啊。

"文革"开始以后，出于政治原因，水英与南洋那边几乎没有音信往来了。因此，水英不得不加倍自食其力了，因为有两个孩子需要抚养。但是水英和她丈夫不管怎样干活，都没法填饱肚子，因为她赚的是工分，粮食要统购，剩余的不多，而只有在年终结算时才会按工分的多少从生产队分得一点现金。对于农村来说，那绝对是一个艰苦卓绝的时代。水英家里"二十四孝"以及花草虫鱼的彩绘和浮雕被严重毁坏，令人扼腕长叹。水英老人说，母亲交代我一定要看好这座楼房，可是我没能做到。

直到祖国大陆改革开放以后，南洋那边才跟水英恢复了联系。接着，她的母亲带着家人回国看望她了，大家却都老了。水英老人知道，她的母亲能够回国看望她的时日无多了，因此她格外珍惜。当然，最后的离别仍然是从陌上的绿杨树下开始。水英老人的一生其实很不幸，中年丧夫，两个孩子由她拉扯长大，日子过得极为不易。

像水英老人这样的境遇，在东源村并不少见，只是她更典型罢了，繁华的背后不知隐藏了多少辛酸故事。我想，这或许就是命运之神的安排吧。

忆君心似西江水

  我的祖父姚友烂出生于一个家境颇为殷实的家庭，少年时读过私塾。我的曾祖有七个兄弟，其中一个无出，曾祖让祖父照料这个兄弟，因此祖父需要奉养两家。祖父有两个妹妹，没有兄弟，他十七岁时即成婚，娶邻村姑娘黄氏。婚后才三年，年仅五十的曾祖父就去世了，于是家庭的重任便落在祖父身上。祖父原先疏于农事，从那时起，他需要掌握一切的农活技术，他很快就成为一把好手。黄氏生了两个儿子。原本家庭幸福，然而黄氏因为痢疾，没有良药又未及时治疗而殒命。紧接着，一场瘟疫大流行，又迅速夺去了两个儿子幼小的生命。祖父的大妹出嫁至卢家，尚未过门的小妹不久也因病夭亡。短短几年，妻死子亡，小妹早夭，家庭遭遇了重大变故，使得曾祖母和祖父痛不欲生、肝肠寸断。那是我们家族最黑暗的时刻。

  1911年，祖父续弦，娶邻村姑娘陈氏。婚后陈氏与曾祖母一度关系不和，终于演变至矛盾激化。彼时，陈氏患上急性关节炎，且一直往尼姑庵跑，扬言要出家。家庭不睦，祖父难以调解。恰好那时祖父的堂兄弟们纷纷下南洋，于是祖父狠心之下，告别曾祖母，远渡重洋到达印度尼西亚望加锡。他也是从拉黄包车开始，又开了自行车修理铺，省吃俭用积攒了一笔钱。

五年后，祖父回到家乡，在家族居住地"宅里"建造房屋。那原是两座七间厢相对形成一个四合院的大宅，建造于19世纪90年代，祖父就在下间护厝建了四间房子。那时陈氏因严重的关节疾病完全丧失了生育能力，考虑到陈氏无出，祖父抱养了邻村关家年仅五岁的儿子作为养子，后来成为我的大伯。在族人的劝导下，祖父再娶福清祁氏，也就是我的祖母。祖母老家在福清城郊，当年也是富裕人家，但其父祖由于抽食鸦片败光了家当，遂将祖母卖至他家，其中悲惨的情形已不可知。据说迎亲时花轿整整抬了两天，全部抄小路而行，其间还在蒜岭的祖母舅家过夜。婚后不久，由于陈氏已落下残疾，无力抚养大伯，祖父遂留下陈氏照看曾祖母，自己携祖母和大伯再次前往望加锡重新开业。1921年，我的大姑出生了，那一年祖母二十三岁。从此以后，家里的人丁开始兴旺了起来，祖母先后养育了四女四男。

望加锡，又名"孟加锡"，华人简称"锡江"，是印度尼西亚南苏拉威西省的首府。1971年改名为"乌戎潘当"，据说是因为这里生长着一种叫"潘当"的椰子树。望加锡是印度尼西亚东部各岛的重要天然港口。这个城市的居民以华侨和中国血统的印度尼西亚籍人居多，我们村大部分人都聚集在这里谋生。1997年我父亲前往南洋到望加锡探亲时，发现那里有众多的华人后裔，不论老幼，既会讲流利的莆仙话，更会说一口流利的普通话，跟在家乡并没有什么不同之处。

20世纪20年代万丰隆公司刚刚成立，我祖父一到锡江就被他的堂兄弟们力邀加入，成为十二大股东之一。祖父在万丰隆待了十年，那是万丰隆最美好的时光。堂兄弟们齐心协力，众志成城，公司的业务从自行车修理、零配件及整车销售，拓展至汽车、汽油生意，最后

竟然从事汇兑业务，一派欣欣向荣。公司每年都分红，春节前还给股东在老家坚守的亲人每家汇去两百元国币，我父亲至今记忆犹新。祖父说，那时一元钱可以买到十三斤猪肉。不过，随着生意的发展，内部矛盾也在所难免，于是股东们开始逐渐分拆出去独自经营。万丰隆最终只留下姚丰隆一个家族继续维持，直到20世纪60年代。祖父也于1930年分拆出去，选择在一个名叫马律的山上开自行车修理行，兼营零配件销售。由于祖父诚信经营，有口皆碑，生意很快就兴隆发达起来。他的成功吸引了许多老乡和客户，他们纷至沓来，一时名动望加锡。那是祖父一生中最为辉煌的岁月。

祖父事母至孝，每每曾祖母驰书南洋，祖父便会动身回国省亲，二十年间五次往返于中国和南洋。1939年祖父决定举家回国，他出售了一些店面，留下若干店面由我大伯继续经营。彼时，1936年在祖父的主持下，大姑已与大伯成婚，并生有一子，与我父亲同庚。祖父携带六人回国，曾祖母和陈氏皆大欢喜。陈氏视祖母所生的孩子如同己出，一家人其乐融融。祖父把艰苦创业经营所得的荷币尽数转入厦门汇丰银行，回国后兑换成七万元国币，拟在家乡建造一座七间厢大宅。然因为宅基迟迟未能落实，祖父很厚道，不愿与人相争，因此建屋计划一再落空。祖父又为人至诚，急公好义。那时他的一个堂兄弟因为建屋现金尚未由南洋寄回，祖父遂将七万元国币借出，等到其还款之日，国币已大幅贬值。彼时，百万大军已挥师南下，祖父还念念不忘建房。他将祖母最钟爱的一对两百五十克重的金手镯与人换了块宅基地，结果"土改"时这块地最后都归了公。最终，一家人仍然居住在宅里的护厝内。这件事让祖父抱憾终生。

祖父回国后曾经买进十多亩田地和果园，拥有几个佃户，先后养了四个丫头。但是，祖父并没有"残酷地剥削农民"。他与佃户们关系很好，中华人民共和国成立后，四个丫头都被他认作女儿，至今我家还与四个"姑姑"的后代串亲戚，情同手足。1949年，祖父的许多堂兄弟纷纷前往南洋，但是祖父以年老为由谢绝了。他只是将我二伯送出，我的三伯、我的父亲和我的叔叔因为年幼仍然留在家乡。二伯到望加锡后才知道，原来我祖父当年留给大伯的商店在"二战"时已被日本鬼子尽数烧毁，这使得大伯不得不从头再来。公社化时，祖父主动将田地及生产工具悉数献出，这才让家庭免被划入富农之列。不过，"复杂"的海外关系终归让留在家乡的三个兄弟无法"进步"。20世纪50年代，我的三伯曾参加解放军，他在炮打金门后荣立三等功，后回地方在医院工作。我的父亲和我的叔叔同一年考上大学，一个被福建农学院录取，一个被福建师范学院录取。这是祖父最引以为豪的事情。

因为我是家里的长孙，因此小时候我得到了祖父与祖母的格外垂爱。我年幼时得过一场大病，许多人对我不抱希望，只有祖父与祖母深信我有朝一日能够出人头地。祖父去世时我才十三岁，可是我竟然在十多年后清晰地梦见他，他在一个园子的树下唤我去锄草。追忆祖父坎坷艰难的一生，我心潮澎湃，难以自已。"忆君心似西江水，日夜东流无歇时。"与父亲一样，我对祖父的思念宛如西江之水绵延不绝，流水有多长，我的思念就有多久。

天下无难事，只怕心不专

在采访的过程中，姚裕宝家族引起我特别的关注。姚裕宝昆仲是较早到达南洋的东源华侨，也是较早回国建造大厦的人。然而姚裕宝昆仲四人在人生辉煌之际皆英年早逝，其后人告诉我，他们都死于肺痨病，即肺结核。我深信，这种事情带给整个家族的是绝对的灾难，并且极其沉痛。

姚珍妹老人即出自这个家族。她长居香港，当她儿子姚紫腾告知她我准备采访她时，她就在香港写了一份洋洋洒洒五千多字的回忆录，托紫腾赴港带回，这让我十分感动。本节的几段文字就是以她的记述为蓝本的。

珍妹出生于1937年，她的祖父就是姚裕成，其妻早逝，祖父就再娶了妻妹。而妻妹是寡妇，再嫁时携有一子。其子成年后，姚裕宝将自己的幼女许配给他，因此姚裕宝是珍妹的外祖父。珍妹父母婚后举家前往印度尼西亚泗水，1936年珍妹之母独自一人回国看守家园，不久就生下珍妹。因为珍妹之母身体不好，所以请奶娘照顾珍妹。珍妹三岁时，有一天奶娘背她出去玩。她在奶娘背上向后一仰，奶娘担心她要掉下去，急忙拉住她的左脚，结果造成关节脱臼，由于医疗处理不当，落下了终身残疾。不久，珍妹之母因病弃她而去。珍妹的父亲在日军侵占南洋后，竟然不知所终。从那以后，珍妹那短暂的掌上明珠般的生活也随之宣告结束，令人心酸的孤女生活来临了。

珍妹之母病逝前，将珍妹和一个十几岁的丫鬟一起托付给叔祖母。叔祖母为人善良，非常怜爱珍妹，然而她女儿总在背地里欺负珍妹，经常对其颐指气使。最严重的一次是，叔祖母的女儿让年仅六七岁的珍妹去烧火煮饭。那时没有火柴，取火需用一块石头在一块铁块上敲击引火。由于龙眼树叶比较潮湿，久久不能生起火。叔祖母的女儿一声不吭，从背后对珍妹的后脑勺猛地一击，致使珍妹撞断了鼻梁骨引起大量出血，至今仍经常鼻水倒流，留下后遗症。这件事让珍妹足足恨了她一辈子。丫鬟见此情景，只好把珍妹带回大厝居住，艰辛度日。不久后，丫鬟出嫁了，珍妹只好自力更生了。那一年，珍妹才十一岁。她自己养鸡，生了蛋卖钱，然后再买书买文具。耕田的重活请叔祖母和丫鬟等人帮忙，除草的事则自己去做。

1949年，莆田解放了，珍妹小学毕业，考上了镇上的锦江中学。她申请助学金，每月三元，吃公菜，就这样读完了初中，考进了莆田第九中学。高二时，学校爆发流感，珍妹不幸得了肺炎。因为她不知道怎么吃药粉，同学帮忙着把药粉直接倒在她嘴里，然后将滚烫的开水灌进，珍妹即刻吐血。医生认为她是肺病，让她退学回家，考大学读医学的理想从此破灭了。珍妹回乡后，就到村里的小学做代课老师。后来村里要办民办中学，她又负责培训民办教师，教的是数学和农技，每月工资十六元。可惜学校因为资金紧，后来就停办了。

1959年，珍妹进入农村信用社工作。她与贫苦民众打成一片，千方百计为困难群众解决问题。为了帮助他们致富，信用社给他们发贷

款，让他们买猪买饲料，等猪养大了，卖掉再还贷款。珍妹在村里算是文化人，因此许多人经常找她给南洋亲人写信，她从来都不拒绝。有几个老人甚至要认她为义女，她也不敢，因为他们是有钱人，她怕别人指指点点。有一个五保户是孤寡老人，她经常去打扫卫生帮忙做事。后来这个孤寡老人在南洋的亲人回国寻亲相认了，孤寡老人也要认她为义女，她同样不敢，担心有人说闲话。珍妹在信用社工作兢兢业业，还兼任村里的出纳，每月加两元工资。她从来不挪用一分钱的公款，账目清清楚楚，公私分明。她对待群众十分和气，从不与人争吵，大家都视她为亲人。对此她问心无愧，她说："现在想起值得自己骄傲呀！"

珍妹有二男一女。长子紫斌和女儿紫敏都在香港，次子紫腾在家乡，现在他们都事业有成。她只希望他们平安健康、和和气气、互相关心、知足常乐。她在回忆录的结束语中这样写道："我虽然是一个孤儿，又是一个残疾女，但是能走到今天这一步是非常不容易的。健康人养三个孩子都挺辛苦，我是加倍辛苦。所以天下无难事，只怕心不专，有志者事竟成。"

珍妹老人的童年和少年是孤苦的。在东源村，有不少女子都像珍妹老人一样，为了固守家园，付出了重大的代价。不过，这些女子往往吃苦耐劳、坚韧不拔，奋力完成了海外亲人的重托。

❁ 昨日繁阴在，莺声树树春

在东源华侨后裔中，姚宇厚也是值得我采访的一位。

姚宇厚来自姚裕宝姚裕成家族，他的祖父是姚裕孙。姚裕宝姚裕成家族在东源华侨中发家致富较早，仅次于姚为祺家族。姚裕孙早年随其兄姚裕宝、姚裕成和姚裕祥远赴南洋，到达印度尼西亚泗水，从自行车修理和配件销售开始，再创办公司，获得巨大的成功，于是1915年他们回乡建造了大厝。1916年，他们又用造房的余款修建了一个家族墓园，这个墓园被称为"墓田"。说是墓田，其实外观是一座三间厢的房子，有三开间，厢前有围墙，围墙内有院落。这是东源村唯一的将陵墓置于屋内的家族陵园。可惜的是，正当姚裕宝昆仲事业蒸蒸日上之时，兄弟皆因为肺痨，十年间先后英年早逝。姚裕孙于1935年去世，年仅四十五岁。去世后其灵柩由南洋船运回国，在福清新厝磐头村上岸，队伍浩浩荡荡。姚裕孙有一女三男，其女即姚宇厚之母。按照东源华侨"男儿去创业，女子守家园"的惯例，姚宇厚的母亲受命在家乡看守大厝，成年后也按惯例招赘。

姚宇厚出生于1953年，高中毕业后回乡当知青，所以一直在老家农村"修理地球"。他是劳动的好把式，当过生产队副队长，带领

魁山侨屋漫话

社员生产劳动。因为吃苦在前，又积极肯干，那时他就备受社员的好评。姚宇厚有家学渊源，他父亲于中华人民共和国成立前就是韶源小学的教师，书教得好，曾为家乡培养了许多优秀人才，不少后来成名的华侨都是他的学生。1978年，姚宇厚的父亲退休了，按当时的"补员"政策，他接替他父亲的位置，分配到一所中学，从那时起一直干到2013年退休。

20世纪70年代的教育还相当落后，学校教学设施破旧，设备紧缺。学生很多，教师却不多。姚宇厚到中学后，教过政治，也教过生物。后来觉得自己最感兴趣的是生物，于是固定下来教生物了。他教学很认真，知道自己没上过大学，不能误人子弟，所以格外努力，写一节课的教案往往要写上十来页，然后又在课本的空白处密密麻麻地写上许多备注。上课时声音洪亮，只要有一个学生不注意听讲，他就会提醒。因此他的教学效果特别好，带学生参加县区生物竞赛经常获奖，深受师生好评。

当时一位教数学的老师兼任出纳，经常算错账，要赔钱，跟校长一直闹意见不肯干。于是校长找到姚宇厚，让他兼任出纳，他一口就答应下来。从此以后，姚宇厚又当上了出纳。学校出纳虽然简单，但要做好也不容易。好在他很好学，又很细心，没多久就掌握了出纳技巧，把账目做得清清楚楚、一目了然，发工资、报销款项从无差错。又过了不久，原先的会计被调走了，校长又找上门来，让姚宇厚顶上，他自然又是满口答应，于是就成了会计。与学做出纳一样，姚宇厚学做会计很肯学，又不耻下问，很快就变成财务上的一把手，不但账目清楚、规范整齐，还严格遵守财务制度，不怕得罪人，为学校节约了不少资金。姚宇厚对财务业务的熟练，引起了上级有关部门的注意，后来他就经常被上级调去检查其他学校的财务。不过，姚宇厚一边做会计，一边教生物，两头都没有耽误。学校发现他的才干，于是请他当班主任，他也没推辞，还连续干了两届，直到后来当总务处主任为止。在当班主任的六年工作中，他尽心尽职地管理班级，学生有困难总是找他。见到学生经济上有困难，他还资助他们，发现学生学习上有困难，他让科任老师给他们补缺补漏，硬是把班级打造成一个奋发向上、朝气蓬勃的优秀团体，取得了优异的成绩，获得了社会的好评。

  姚宇厚的家距离学校并不远，但他还是选择住在学校。那时候学校还在山顶，周围杂草丛生，居住环境也不太好。通常一个房间只有十五平方米左右，放进了床铺、办公桌、煤油炉、灶台等杂物后，空间所剩无几，提水、上厕所都要走很长的路。夏天的时候蚊虫肆虐，学校宿舍绝对不是一个好去处，但他还是愿意住校，因为他觉得这样不用天天赶路，节约下来的时间可以做不少事情。那时候住校的老师很少，于是晚上护校看门的重任自然又落在了他的身上。姚宇厚同样没有推辞，他很认真地履行晚上"保家卫国"的责任，做到让大家放心。

  由于工作一向出色，1994年姚宇厚被任命为总务主任，这一下他就更忙了。那时候学校的硬件极差，可以说是一无所有，却有三四百号寄宿生，一两百号寄午生，管理这么多人可不是一件容易的事。学校的学习生活条件十分简陋，断水断电是经常的事。断水的时候他就组织学生到井边打水，断电的时候他就亲自到电房用煤油发电。电线老化短路也是经常的事，好在他对电工技术也很熟悉，经常爬到高处去更换电线、电灯。实在太高了，就请水库的电工来，请他们抽烟还是自己掏的腰包。那时候学生宿舍里的床铺也是破破烂烂的，往往睡不了多久就会散架，弄得"生管"老师胆战心惊的。寄宿生的床铺要"更

新"，姚宇厚打听到原莆田师范大专班有废弃的床铺，于是亲自率领几位老师前往梧塘搬回。更多的时候，他要拿着锤子、钳子、铁线和铁钉给床铺加固，以确保寄宿生的安全。学生宿舍、教室里的桌椅和门窗往往破损得非常严重，他能修则自己修，不能修的就在假期里请木工来修。如果在假期里修，他往往会一路跟着木工，直到完工为止。这样的话，他的假期也就没有了。有一年学生宿舍需要搬迁，他又奋勇当先，带领几个老师整整忙了几天，连中午都没有休息。他多做了许多分外的事，但他总认为那是他应尽的职责，从未向学校要过一分钱补贴，而学校也从未向他发过一分钱的补贴。姚宇厚做的这些事情让校长看得直点头，不由得赞叹道，如果大家都像姚老师这样做事，何愁不成事！

姚宇厚在海外有许多亲人，他们都发展得不错。20世纪末是东南亚爱国侨胞回国参与家乡建设的大好时光。那时候，学校需要教育现代化，就让他做侨胞的思想工作。2001年，姚宇厚带着学校的殷切希望，前往印度尼西亚等地募资办学。姚宇厚和校长等三人一路风尘仆仆，利用自己的有限资源，不顾旅途劳累，拜访了许多侨胞。他们的行为感动了许多侨胞，于是侨胞们集腋成裘，集资近十万元。他们住在姚宇厚叔父家里，外出都是姚宇厚的叔伯兄弟亲自驾车赶路，节省了许多钱。

姚宇厚只有高中学历，所以他必须去考初中教师合格证。为此他常常把自己禁闭一室，刻苦学习，连续通过了几个科目的考试。不料在准备最后一个科目考试的时候，他却病倒了，在医院里住了一个多月，以致未能参加考试。由于没有及时取得初中教师合格证，直到退休时他的职称仍然是中学二级。

他三位叔父的后代如今在南洋都发展得很好，他们依然坚守祖业，生产并销售自行车，生意兴旺，可谓基业长青。他的一个叔伯兄弟近年来将事业延伸至国内，在厦门办了厂，从事轮船消音器生产业务。有诗曰："昨日繁阴在，莺声处处春。"正是姚裕孙家族的生动写照。

魁山侨屋漫话

向阳坡上一棵草

我在撰写东源华侨后裔人物传记时，不少人直言，一定要把姚孙华列入一起写。

姚孙华是共和国的同龄人，出身于姚春荣家族。姚春荣早年远赴南洋，先在万丰隆公司做事，后独自经营。20世纪50年代是姚春荣企业经营最鼎盛的年代。那时他进入银行业，接连开过九家银行，控制了印度尼西亚望加锡地区的金融。1962年姚春荣回国探亲，目睹了乡亲们窘迫的生活状况，于是从日本购买化肥一百多吨运回祖国，捐献给家乡人民。那时，一斤化肥价值人民币十五元，一百多吨化肥则价值三百多万元。姚春荣的义举得到了当时莆田县人民政府的表彰，获得了父老乡亲的广泛赞誉。

姚孙华少年时以优异的成绩考入厦门华侨中学，高中毕业时碰上"文革"，于是回到家乡当了一名知青。他种过蘑菇，植过木耳，养过奶牛，有什么做什么，生活极为艰辛，有时口袋空空，竟拿不出五分钱。20世纪70年代他还担任过生产队长，那几年由于领导有方，社员们的生活得到了明显的改善。

在1978年的知青回城浪潮中，他进入莆田县印刷厂当了一名工人。

他工作起来一丝不苟，被厂里看中兼做采购员。担任采购员期间，四处奔忙是家常便饭，常常几个月都不得回家一次。更重要的是，他对工作兢兢业业，账目清清楚楚。每次采购都认真讨价还价，能为工厂节约多少就节约多少，因此工厂对他高度信任，放心让他做事。

1985年，原来的印刷厂负责人要去筹建包装厂，就选中了姚孙华，带他一起去创业，让他当厂长。姚孙华管理包装厂的八年中，锐意进取，致力革新，企业效益明显，最鼎盛时曾经一口气扩张了四个分工厂，受到了政府和群众的好评，他被誉为"出色的企业家"。1990年，莆田出版了一本名叫《闽海奇葩》的书，其中有一篇题为《向阳坡上一棵草》的报道文章，讲述的就是他的事迹。（现在该书已经很难找到了，这一节我就借用这篇报道的标题，以此纪念姚孙华先生。）

这个属于二轻局的包装厂现在看来并不大，在当时却经营得很不错，一年产值为七八百万元。那时工厂扩大，急需工人，他二话不说便回乡招工，于是又有十几个乡亲跟着他出去闯荡。这些人到工厂后，在他的悉心指导下很快就成了业务好手。在姚孙华的领导下，工厂做得风生水起，每年都为国家上交了大量税收，工人的奖金福利也很丰厚，直让许多人眼红。

1994年姚孙华离开二轻包装厂，创办了属于自己的公司华兴福利彩印包装厂。跟随他的十几人有的直接进入华兴，有的后来劳务出口新加坡了。那些前往新加坡的乡亲，几乎都由华兴为他们办理出国手续。姚孙华的弟弟姚孙章直接出面替他们奔走，厂里并没有多收他们一分钱。不仅如此，姚孙华还给他们每人资助三万元，说等将来他们赚了钱再还他不迟。这些出国从事劳务的人，后来都十分感念姚孙华。每次回国，他们都会去看望姚孙华，乃至姚孙章。

魁山侨屋漫话

　　姚孙华对家乡的公益事业极为热心，村里有事比如修路助学什么的，一定会叫上他，而他也从不推辞，从来都是慷慨解囊，倾心相助。许多年来，他捐资累计近百万元。他的弟弟孙章说，其实他做的公益事业并不值得一提。意思是他每次捐资并不是很多。但是，乡亲们的眼睛是雪亮的，他们看重的并不是钱多钱少，而是那份拳拳的赤子之心。

　　姚孙华为人真诚，待人宽厚。他有许多老朋友，这些人都是他当年的患难之交。他发家致富以后，从来都不会忘记这些朋友，一直保持本色，不忘初心。那时几乎每个周末，他都要回到老家。他的那些朋友也总会去看望他，而他也总是尽其所有接待他们。每逢佳节，他会给他的那些朋友送烟送酒，甚至送红包，为的是要让大家都过好节日。若有人要找他办事，只要他能够做到的，他从来都不推辞。即使事情没办成，他也要宴请一番，以尽地主之谊。

　　姚孙华还是一个大孝子，对父母极尽孝道。那时他父亲八十多岁了，其实他是个大忙人，又有三个兄弟，可他还是放心不下，坚持把老父亲接到城里亲自奉养。姚孙华和他的兄弟和睦相处，同舟共济。在他的带动下，兄弟们共同侍奉老父，慈惠爱亲。他们兄弟的孝道在家乡传为佳话，成为"以孝传家"的典范。有人说，要观察一个人，先要观察他是如何对待父母的。一个人对待父母不怎么样，那么对朋友也不会好到哪里去。这句话是很有道理的。

　　正当事业蒸蒸日上之际，姚孙华却积劳成疾，2008年因病去世。

　　实际上，姚孙华并不是村里最有钱的人，比他有钱的村里人多的是，但村里人特别怀念姚孙华。姚孙华家族一直传承"以善为乐"的家风，从他的伯父姚春荣那时就开始了。他母亲在村里为人极为厚道，和气待人，宁可自己吃亏，也不让别人吃亏。家族的传承与家风的影响，使得姚孙华在那一代人中出乎其类而拔乎其萃。与孙华最要好的朋友姚道辉说，可以用八个字概括孙华，那就是"慷慨舍得，为人真诚"。

姚孙华其实平凡得不能再平凡，如同"向阳坡上一棵草"。这棵草没有花之美丽，没有花之芳香，更没树之高大，却铺青叠翠，绿满人间，狂风不能使它弯腰，暴雨之后依显精神。它就是春天，它就是希望，甘于寂寞，无私奉献，扎根在大地，给大地增添光彩。这就是人们深切怀念他的原因。

姚孙华去世后，他的三个女儿承袭父业，继续他未竟的事业。儿子志通则另辟蹊径，进入奢侈品领域，从事珠宝生意，在北京创办了一家名叫"金福誉祥珠宝"的公司，后来又在深圳注册了一家公司，名叫"姚生生珠宝"。志通说："我父亲虽然已过世了，但他的思想行为还是激励、影响着我们这几个孩子的方方面面。作为他的独子，我也努力跟紧他的脚步，以他为榜样。"志通也热心公益事业，到目前为止，已经捐资了好几十万元。

魁　山　侨　屋　漫　话

东源华侨民居的中式门檐（东大村、蔡昊等供图）

东源华侨民居的中式门檐（东大村、蔡昊等供图）

魁山侨屋漫话

东源华侨民居的中式门檐（东大村、蔡昊等供图）

▎东源华侨民居的中式门檐（东大村、蔡昊等供图）

魁山侨屋漫话

▍东源华侨民居的中式雕饰（东大村、蔡昊等供图）

180

东源华侨民居的中式雕饰（东大村供图）

七 东源华侨民居研究

失败更具普遍性

在研究东源华侨创业史时,我发现能够在民国最初九年间登陆南洋的人,他们几乎都出生在19世纪最后二十年间。这是因为20世纪前二十年自行车在南洋刚刚兴起,是富人高档的代步工具,极为时尚。于是,从事这种生意正当其时。但是,假如错过了那个时代的大好机遇,成功和富有则可能变得渺茫。

这种情形与"怪才"马尔科姆·格拉德威尔的研究相似。格拉德威尔发现,在人类有史以来最富有的七十五人名单里,有十四个最富有的美国人都出生在19世纪中期的九年间。这是因为从1860年到1880年,美国经济正步入其历史上的转型期。那时,铁路事业方兴未艾,华尔街金融崭露头角,工业企业如雨后春笋。他们的年龄正当其时,而太早出生或太晚出生都无法把握住时代的大好机遇。这也刚好解释了为什么东源华侨第二代鲜有真正成功的问题。

表面上看,东源第一代华侨的成功似乎是一种"群体性的成功"。但其实他们的成功并不具备普遍性。一个事实显示,他们的事业显然分布在同一个地区:基本上限定于印度尼西亚的望加锡及其周边。同一代人当中,几乎都出生于1880年到1899年间,这表明在他们的案

魁—山—侨—屋—漫—话

例中，年龄与能否成功关系重大。

这样又引来了一个问题：在20世纪前二十年登陆南洋的人是否都会成功？不一定。成功还与个人独特的成长环境相关。实际上，东源自古以来较为富庶，文化气息浓厚，儒家精神充溢其中，第一代华侨大部分人幼年时都接受过私塾教育，他们绝非目不识丁。这就是他们的优势所在。假如某一个东源华侨在那一年代出生，却是家境贫寒，又未能接受私塾教育，未沉浸于儒家精神之中，那么可能也不会成功。

许多人认为，只要加倍努力，便可以获得成功。事情并非想象中的那么简单。我不能想象，东源第二代华侨都没有加倍努力，毕竟败家子只占极少数。一部东源华侨创业史恰恰说明，那些获得特殊机遇眷顾的人们总能加倍努力并胜任使命，最终取得成就。他们的成功并非仅仅是自己加倍努力的成果，而是独特的成长环境促成的结果。

实际上，成功只是小概率事件，不具普遍性。特别是一时的成功，往往没有延续性，因而具有很大的欺骗性。成功又总是伴随着机遇或运气，因此我一般不研究成功学。东源华侨历史上曾遭遇两次重创，大部分人都未能做到基业长青。但如果有家族经历多次重创而能够继续存活且传承下来，理所当然就要格外关注了。比如姚丰隆家族、姚万丰姚友谅家族，那就不是机遇或运气所能解释的，一定是在对的时间里遇上对的人并且做了对的事情。我认为，此时研究成功可能才有意义。

成功都是相似的，失败却各有不同。有一本名叫《长寿公司》的书，作者研究发现，截至1983年，1970年《财富》世界500强公司中有三分之一已不复存在，它们不是被收购、兼并，就是被拆分。而另一本名叫《追求卓越》的书则显示，曾经备受赞誉的六十二家卓越公司，在随后的二十年中，绝大多数公司都遭遇了严重的困难。有的似乎成功地摆脱了困境，有的正在为摆脱困境而顽强挣扎，有的则已经倒闭或在不久的未来倒闭。在东源华侨中，其家业不能传承的原因有很多，或自身原因，或政治原因，其中以政治原因为主。姚金榜家族和卢善美家族都曾经辉煌一时，但最终都走向失败，并且一蹶不振，最为典型。

研究成功并不能让人成功，研究失败才有可能让人避免失败。只有避免了失败，才有可能成功。叫人去做某事，往往很难做到；叫人不要做某事，则相对容易做到。这可能才是正确的思考方式。有一点必须十分清楚，失败才更具普遍性，因此我们不必过分指责失败。失败才是成功之母，而成功往往孕育着失败种子。

魁―山―侨―屋―漫―话

以博弈论解读东源华侨创业史

在一部东源华侨创业史里,我注意到,东源华侨发家几乎都从自行车修理开始,然后兼营自行车配件,最后再拓展至其他行业。这样就引来一个问题:这么多的华侨几乎集中于同一个地区——印度尼西亚望加锡地区,从事同一种生意——自行车修理与配件销售,能够同时赚到钱吗?

如果我们从博弈论的角度来思考,能够赚到钱的答案应该是肯定的。博弈就是策略性的互动决策。所谓的互动,是指参与者不能单纯从自己的意愿出发采取行动,而要考虑其他参与者会采取什么策略,并针对他们可能的策略选择,去选择有利于自己的应对策略。

举一个例子,假设有两个人在沙滩上卖饮料。他们很明白,自己摆在沙滩上中点以左或以右的任何位置都不是最优选择,因为对方摆在紧邻自己的左或右都可获得超过二分之一的消费者,而自己只能获得少于二分之一的消费者。所以,只有将自己的摊位安置在沙滩的中点,才是最好的选择。此时,无论对方紧邻自己左边还是右边,自己都可以得到二分之一的消费者。这就是"沙滩卖饮料"的博弈模型,这样就解释了为什么卖同类物品的商家总是紧挨着布局,比如麦当劳和肯德基总是在同一条街上。东源华侨这么多人集中于同一个地区,从事同一种生意,其实就是"沙滩卖饮料"模型的一个生动事例。

  这种"聚合选址"不可避免地会导致激烈竞争,其结果是谁要生存谁就必须提升自己的竞争力。于是能够适应激烈竞争的人,会不断进行自身调整,从而把生意做得越来越好;反之,则做得越来越差。反映在东源华侨民居建筑中,有的显然奢华,有的显然简陋,从中已经可以看出问题。当然,成功有运气的成分,但是在一个非常传统的行业中,经营者的管理能力是最重要的因素。

  博弈有两种:负和博弈与正和博弈。负和博弈是零和游戏,参与博弈的双方,一方的收益必然意味着另一方的损失,博弈双方的收益和损失相加总和永远为零,双方不存在合作的可能,其结果是一方吃掉另一方,一方所得正是另一方的损失,赌博是集中的体现。而正和博弈是一种合作的博弈,或者说是一种妥协,博弈双方的利益都有所增加,或者至少是一方的利益增加,而另一方利益不受损害,因而整个社会的利益有所增加。东源华侨整体上应该属于后者,基本上不存在"你之得我之失"的现象,他们最终都实现了双赢,否则难以解释东源华侨这个成功的群体。

  不过,这世界毕竟到处都有负和博弈的影子,所以不能排除东源华侨只有正和博弈。实际上,东源华侨姚春荣当年在印度尼西亚望加锡地区连开了九家银行,最后在商业竞争中败给了邻村的一个福清乡亲。那个乡亲最终收去了姚春荣的四家银行,直接导致姚春荣商业帝国的没落。负和博弈或零和博弈就是你死我活的博弈,是利益对抗最高的博弈。

  总的来说,东源华侨因为是乡亲,有的甚至是堂兄弟,毕竟有着

魁 — 山 — 侨 — 屋 — 漫 — 话

血缘关系。他们深知,在决策时能够相互依存,帮助别人有时就是帮助自己,这样反而更能促成个人利益的最大化。于是,东源华侨最终一道走向了成功。

附录

侨乡桥乡，我的故乡

陈章武

一

春天，燕子从海外飞回来了。它们掠过南太平洋、台湾海峡及兴化湾的万顷波涛，掠过木兰溪、延寿溪和萩芦溪下游的锦绣田园，掠过墨绿色的荔枝林、龙眼林和流金溢彩的枇杷林，终于飞回它们老家的那幢红砖楼。它们停在屋脊两端，高高翘起黑剪刀般的尾巴，在天光云影中定格成永恒的造型。它们，是留下来不走呢，还是随时准备

透过云雾俯瞰蒜溪流域（蔡昊摄）

魁山侨屋漫话

再次展翅飞翔？

可惜燕子们不识汉字。否则，当它们从屋顶上飞下来，飞进庭院，飞进门廊，去寻找檐上的旧巢时，应当会发现门楣上刻有四个字的郡望标志，无论是陈姓的"颍川衍派"，林姓的"九牧世家"，还是黄姓的"江夏流芳"，全都证明主人们的先祖根在中原，他们，全都是堂堂正正的华夏儿女。

与全国各地一样，黑漆大门的两边，是一副红色的春联。只不过这里的春联有点特别，其额头上，总要露出一道窄窄的白边，俗称白头联。传说，这是明代先民抗倭时留下来的独特风俗——白色，是对除夕夜罹难亲人的深切悼念；红色，是杀敌胜利后重返家园补做"大岁"时的喜庆与热烈；而黑色，则寓意这种悲欣交集、爱国爱乡情感的凝重与深沉。

这，就是闽中莆田市的涵江区江口镇，一个以燕尾脊红砖楼，以郡望标志和白头春联为民居特征的著名侨乡。

这，也是我唯一的故乡，我的父母之邦，我生命的起点和灵魂的归宿。

二

千百年来，谁也说不清涵江及江口一带有多少人离乡背井，漂洋过海，远走异域他邦。几乎每个家庭，都有一半亲人在海外；几乎每幢红砖楼，都离不开侨汇的支撑。那一笔笔侨汇，也许，是在美洲或大洋洲的金矿里，在马来半岛的橡胶园或油棕园里洒落的点点血汗；也许，是从世界各大都市唐人街所开掘出来的滚滚财源。但不论多少，

江口晨光（朱少钦摄）

全都是海外亲人报效祖国、孝敬祖宗、告慰乡亲的拳拳赤子之心，眷眷思乡之情。

大红灯笼高高挂起来了，十番八乐奏起来了，莆仙戏的锣鼓声响起来了，雕有六条龙的花轿抬过来了，是哪家儿郎从海外返乡娶亲？

清明时节雨纷纷。九九重阳登高日。又是哪家子孙从海外归来，在新修的祖墓上，摆满祭品，高烧红烛，为列祖列宗献上一瓣又一瓣心香？

起大厝，讨媳妇，修祖墓。只有返回故里，办完这人生三件大事之后，侨胞们这才感到心安。因为，他们梯山航海，浪迹天涯，筚路蓝缕，千辛万苦之后，总算事业有成，总算没有辱没祖宗，总算对得起桑梓

家园，堪称合格的华夏儿女。

然而，千百年来，又有多少人连这最基本的夙愿也未能实现！翻开史书，至少有三段时间，人们报国无门，有乡难回，只能在天涯海角叹息，洒不尽思念故国家园的伤心泪——难怪这里的海岸上，到处都有叶秀如眉、点点黄花犹如泪珠的相思树！

清初海禁，台湾海峡数千岛屿，西海岸三十里地界，全被划入无人区。郑和下西洋时九桅高耸的艨艟巨舰，居然萎缩成只能在内海捕鱼捉蟹的三桅船及其小舢板。国门紧锁，海路断绝，这一断，就是整整二十年！

20世纪三四十年代，日寇的铁蹄践踏了中国的半壁江山，福州、厦门也相继沦陷。作为全省唯一幸存的对外通商口岸，一度畸形繁荣的涵江甚至因此赢得了"小上海"之美称。但"覆巢之下，安有完卵"，南太平洋战争随之爆发，东南亚各国一片火海，我们美丽的侨乡又顿时坠入苦难的深渊！我的母亲——在马来亚怡保出生，小名怡保妹，也就在九岁时跟随亲人逃难回国定居。她用莆仙方言教给我的第一首童谣，便是："拖袭伊弯，老鼠过番，番船未到，无米煮饭……"在莆仙方言中，番，就是华侨们在南洋各地的侨居国，硝烟弥漫的茫茫大海，哪里还能见到来来往往的帆影呢！

而后，便是"文革"十年浩劫了。来自海外的侨汇自然也就断绝了。于是，燕尾脊的红砖楼蒙上了厚厚的灰尘，"革命"标语盖住了郡望标志，萋萋芳草淹没了祖墓，自古以来就是鱼米之乡的侨乡，居然也闹起了粮荒……

当年，在十分保密的情况下，有位乡亲请我破译一封海外家书——不知通过多少个国家和地区，经过多少人之手才辗转送抵的一封家书。

然而，皱巴巴的纸面上，却只有寥寥一句隐语："二伯父托人向全家老小请安。"在莆仙方言中，"伯"与"百"同音，原来，所谓"二伯父"就是两百元侨汇的代称……

三

由此，我不能不想起江口镇上的那座桥，由省城福州南下莆田的"入莆第一桥"，那座始建于宋代，横架在萩芦溪下游入海口附近的石桥。桥分两段，像二龙戏珠般衔着江中的一个小岛——俗称"寨仔里"，大约，那也是先民们抗倭时所遗留下来的一座兵寨吧？

据说，萩芦溪下游，别称锦江，恰与天府之国成都市的锦江同名。诗圣杜甫诗曰："锦江春色来天地。"于是，在古代莆田的"二十四景"

蒜溪：人与自然，美与幸福（朱少钦摄）

中，这里也以"锦江春色"而著称。

可惜当年的我，既无考古的闲情，也无赏景的雅兴。"横扫一切"的疾风暴雨，早已浇灭了我心中的文学之梦，"文攻武卫"中的校园，也已容不下一张安静的书桌。我逃回故里，发现家乡已陷入青黄不接的饥馑之中，我年迈的老祖母，因吞食番薯叶和磨碎的龙眼核，正呻吟在病榻之上……

于是，我尾随挑着柴薪或山货的乡亲们，到江口桥中的寨仔里换大米。海潮涨了，货船入港了，从江浙一带偷运来的大米，使这里成为一个临时的民间救灾粮食集散地。臂佩红袖章的民兵昼夜巡逻，他们的神圣职责是"取缔粮食黑市"。幸好民兵们"民"字当头，民以食为天。他们也是人，他们的家里也有辘辘的饥肠和嗷嗷待哺的幼儿。幸好江口桥的两端隶属于两个不同的行政区，而位居桥中间的寨仔里，是两边都不必太认真管治的接合部。于是，就在桥两端民兵们睁一眼闭一眼的眼皮子底下，乡亲们从寨仔里扛回了一袋袋救命的大米……

在荒唐的岁月里，感谢江口桥及其寨仔里，就这样为侨乡的父老乡亲留下了一线生机。

好在这一页不堪回首的史书，终于翻了过去。春回大地，万象更新，我们的侨乡，也和全国各地一样，在拨乱反正和改革开放中获得了新的生命。

四

从此，每逢重归故里，我对我的家乡，日新月异的侨乡，总会有新的发现与新的惊喜，尤其是在涵江由千年古镇升格为莆田市的一大市区之后，尤其在江口、梧塘两大侨镇的加盟，更让它如鱼得水，如虎添翼之后。

我发现，在侨乡的风景线上，不光有燕尾脊的红砖楼，不光有郡望标志和白头春联，它还有另一种更为引人注目的亮点，就是桥，无数大大小小的桥，长长短短的桥，既包括像江口桥那样古老的石桥，更涵盖许许多多充满现代气派、现代造型和现代色彩的钢筋混凝土新大桥，在江河、溪流、湖泊与大海交汇处的水乡平原、水网地带，连接着此岸与彼岸，连接着城镇与乡村，同时，也连接着昨天、今天与明天……

我以为，从某种意义上说，侨乡，也就是桥乡。

且不说观日的最佳处，素有"宁海初日"美称的宁海桥，从元代以来，就屹立在木兰溪下游的入海口，屹立在江涛与海潮的交响之中。

且不说赏月的最佳处，素有"白塘秋月"美称的白塘湖，湖内湖外，光宋建石桥就达三十多座，比之"二十四桥明月夜"的古扬州，丝毫也不逊色。

且不说誉称"闽中威尼斯"的涵江老城区，宫口河水街上那五座彩虹般的拱桥，桥上是摩肩接踵的人流，桥下是来往穿梭的船队，又常常令人联想起《清明上河图》的热闹与繁华……

但这一切，都比不上涵江建区以来这短短数十年间。试问，有多少新桥横空出世？又有多少新桥破土动工？更有多少新桥在蓝图上呼之欲出？恐怕，谁也数不清，谁也答不全。

就说距我老家最近的江口桥吧，曾经号称"入莆第一桥"的它，似乎一转眼间就光荣退休了，在它身边，是一座又一座不断冒出来的新桥——福厦公路新大桥、福泉高速公路的立体交叉桥……

| 江口前行（朱少钦摄）

　　而更多的新大桥又将后来居上。在海峡西岸经济区，在国家"十一五"规划中榜上有名的两条铁路——福厦铁路和向莆铁路，在结束家乡"手无寸铁"历史的同时，又将为我们增添多少钢筋铁骨的新大桥！其中，堪称莆田古今桥梁之最——主桥长达六千九百米的福厦铁路木兰溪特大桥，其巨龙般的身影，很快就要在时代的洪波上实现最大跨度的飞越……

　　桥，桥，桥。21世纪以来齐头并进、纵横交错、飞速延伸、四通八达的桥，自然是侨乡新景中的神来之笔。与此同时，我以为还有另一种桥梁——有血有肉，有情有义的桥梁，则更能体现侨乡的精神品格与个性魅力。不用说，这种桥梁，就是侨胞本身。他们和归侨、侨属、侨眷一起，和广大父老乡亲一起，以自身的血肉之躯，以爱国爱乡的光荣传统和艰苦创业的开拓精神，以放眼世界、海纳百川的广阔视野和博大胸襟，为侨乡通往外部世界，筑起一座又一座无形的桥梁，比石头、水泥和钢铁建构的桥梁，更坚实，更牢靠，更恒久。

如今，新一代侨胞返乡，再也不满足于起大厝、讨媳妇、修祖墓等属于家族内部的三件人生大事了，再也不满足于仅仅只是为本村本土慷慨解囊，办学校、建医院，以及修桥铺路、扶危济困等传统意义上的积德与行善了，他们更关注的，是祖国家乡的现代化建设，如何更快地与世界接轨，如何更好地融入全球经济一体化宏大而又壮阔的背景中去……

如今，当我们走进侨乡的每一处工业园区、高新技术产业开发区、农业出口创汇基地、水产养殖业基地，每一处热火朝天的大型工程建设工地，几乎都可以看到侨胞们活跃的身影和矫健的步履。他们，从海外带回大量的资金、人才与信息，带回了先进的科技、设备与管理经验，同时，也带回了世界各国人民对中国人民真诚的友谊与理解，钦佩与尊敬……

各种古老和崭新的桥梁，有形和无形的桥梁，静态和动态的桥梁，物质与精神的桥梁，把中国与世界连接起来，把华夏儿女与全人类连接起来，把历史的烟云、现实的画图与未来的愿景连接起来，这，就是作为桥乡的侨乡，对祖国，对世界，对人类文明与进步所做的特殊贡献。

作者祖籍东大村大岭自然村，曾任福建省文联秘书长、书记处书记、副主席，福建省作家协会主席。本文原载《涵江写意》，2006年出版。

魁山侨屋漫话

《江口侨声》序

陈章汉

新世纪伊始，自己的笔墨转换，从作为"福州历史文化长廊"前言的《闽都赋》开始，在《光明日报》发起的"全国名城赋"征文中，连中三元：《福州赋》《长乐赋》《福清赋》。其后草蛇灰线，伏脉千里，春秋以代序，而至"赋债"累累。《鼓山赋》《旗山赋》《武夷山赋》《草堂山赋》之后，起念为祖籍地江口的西来山写个赋，则缘于山上的寺院里藏着两方石刻：一是前国民政府主席林森的题识"西来福地"，二是中国近代船政之父沈葆桢的留墨"觉世度人"。

沈葆桢为马尾船政仪门所撰的楹联写道："以一篑为始基，从古天下无难事；致九译之新法，于今中国有圣人。"联想其"觉世度人"一语，正出于中国近代先哲的民本忧思。中国近代启蒙思想家严复，少年时有缘受学于马尾船政学堂。早期校舍寄在于山白塔寺的法雨堂里，于是有了一段"伊比（A、B）书声与梵呗相闻"的奇异体验。十四岁的严复逮住留学的机遇学贯中西，并深谙恩师"致九译之新法"的要旨，通过《天演论》的翻译和引进，将"物竞天择，适者生存"的西方先进思想与方法论，介绍给亟待开悟的国人。

百多年前的"世纪潮"，谓之"西学东渐"。不单把世界带进了中国，也让中国人走向了世界。如此开明的"觉世度人"，后来成为互动式的相向而行。笔者曾称严复先生为盗取天火的"中国的普罗米修斯"，退居后在三坊七巷筹办耕读书院，即选址在郎官巷的严复故居隔壁，便于就近探究"九译之新法"究竟有何等神妙！

最早"开眼看世界"并"开蒙参世界"的一茬中，就有兴化湾腹地的老辈华侨们。他们跟不上林公则徐的"睁眼看世界"，学不来船政诸子的"造舰闯世界"，却没误过侨区商帮的"开步拼世界"和跨世纪的"开放赢世界"。

东大村陈章汉"福"字石刻（陈骋摄）

西来山南麓的福莆仙东岳观，大门进来一抬眼即可见到一只偌大的算盘，暗示"人算不如天算"。那么，"物竞"就交给"天择"，"适者"就合该"生存"。通过"螃蟹勾脚"之类的仿生学人口迁徙，我们一代又一代华侨赤子，接受优胜劣汰的人物消长，体验达尔文的自然选择，以至于在外的人比在乡的还要多，几乎要翻番了。

无论是从三江口或锦江口直接上船下南洋，还是翻越福莆岭到江阴岛搭便过番，他们几无例外地"乾坤装进梦里，命运握在手中；背

205

魁山侨屋漫话

魁山之麓宜居地（东大村供图）

井闯天下，雄风播万番"，自此与"世界"搭上了关系。"世"乃时间概念，在古往今来中鉴古察今、震古烁今，书写属于华侨自己的历史。"界"为空间概念，由此及彼，无远弗届，鸿声雁影，聚散依依，创造"无兴不成镇，他乡亦故乡"的时代神话。

"一枝草、一滴露"，这是江口一带华侨充满自信、无往不适的宣言。

在"福泉古驿道入莆第一村"的大岭泰山宫里，百多年前就出现了两方牌匾，一块写着"天之枢纽"，另一块写着"地之经纬"。古驿道即旧时的官道，莆田历代中式的进士数以千计，状元也是一打一打地出，"天子门生"不时出入于蒜岭驿与囊山驿的平平仄仄间，连泰山宫所倚的山体都敢以"魁山"相称，"枢纽"之说可是一语中的。

"地之经纬"一词就更让友邦惊诧了。半个多世纪之前,军民共建、两县同肩的"东方红"水库,主干渠一条通往莆田江口的九里洋平原,一条绕过桥尾山直抵福清新厝的下里军垦农场。是可谓派江吻海,山水相依。这十年来,地处入莆第一村的魁山之麓,竟有现代化高铁和动车双双穿山过境,呼啸去来,形成渠道与驿道相错,高桥与高铁交汇的今古奇观。

"适者生存",是"物竞天择"的正果,也是指归。所以有一波波、一茬茬的华侨赤子,怀揣梦想,上下求索。所以有《莆商宣言》所谓"五字宝典在,累代创业篇"。其一,"敢"字当头,运筹机先;其二,"谋"字制胜,无中生有;其三,"勤"字起家,脚踏实地;其四,"和"字安身,报效桑梓;其五,"正"字固本,共享福泽。

十年前有缘起草《闽商宣言》,审稿时最受侨商代表赞许的,是那句"天涯黄金屋,故土篱笆墙,两相不弃,四海同春"。"宣言"也算"侨声"的话,这个"两相不弃"可谓最切实际,而感天动地。

福莆岭古驿道大岭村口石刻(陈骋摄)

魁山脚下的大岭新农村(东大村供图)

207

魁　山　侨　屋　漫　话

联想起三十年前回乡采写《江口风流》，随机拾掇，多是新老侨贤反哺乡梓的故事，侨务工作外引内联的举措，区镇干部甘雨随车的细节……长篇成书后，在人民大会堂举行的首发式研讨会上，大念"山海经"的福建省老领导项南同志，专程赶来为江口的时代风流作证。可惜一号主人公王天全书记没能坚持到天命之年。好在当年未竟的民生诸事，都由后任们加倍努力地完成。诸如：为受委屈的华侨们落实政策，改善侨乡人民的饮水卫生条件，从攻克"村改"难题过渡到新农村建设，从提出"厕所革命"过渡到体念侨乡"三祖"……

"有时候，人探着路走；有时候，路领着人走。穿越那山重水复，领略了柳暗花明，才知道命运——握在了自己的手。"三十年前《人民日报》（海外版）发表的拙作《驿道沧桑》，这句感慨的话若留在本文此处用上，也许更为真实到位，而意味深长。

作者祖籍东大村大岭自然村，系福建省作家协会顾问，福建省文史研究馆馆员，福建省耕读书院创院院长。本文原载《江口侨声》，2021年出版。

致童年

姚 斌

每每一到儿童节，我就会不由自主地回忆起儿时，那是我一生中最快乐的时光。

小学三年级前，我一直在老家跟随我的祖父和祖母。那是20世纪70年代，当时我的父母在外地工作，他们工作繁忙，又有两岁的妹妹，因此无暇带上我。于是，我就在老家从一年级读到了三年级。

小学距离我家的房子很近，百米不到。这座小学兴建于民国时代，系由海外华侨捐资而成。村子周围方圆十多里，只有这座小学，因此邻村的孩子都在这里上学。校舍有两座，相对而立，每座有四间教室，还有一座教师办公用房。中间是一座祠堂。走进祠堂大门，摆放着一张乒乓球桌，其中有天井，有偏房，最后是两间教室。祠堂正中有操场，有两个篮球场。北边教室外有一个池塘，一条小渠流水潺潺，清澈的水注入其中，然后又从池塘的另一个出口蜿蜒地向前方流去。池塘旁边耸立着几棵大柳树，春天时，柳芽初展，一片嫩绿，映着池水，风景如画。

那时虽然仍在"文革"时期，但是"革命"的风暴在这里似乎都偃旗息鼓了，因此教学井然有序。教我语文的是道添老师，教我算术

魁山侨屋漫话

韶源小学旁的华侨民居（东大村供图）

的是美勇老师，虽然他们都是民办教师，但是教学水平并不低。道添老师教我们拼音时，要求我们朗读并背诵字母表和拼写规则，由于每天都在读，到后来大家都倒背如流了。直到今天，我用的就是拼音输入法，使用起来得心应手，这与道添老师的用心教授分不开。道添老师在教我们写字时，会把笔画笔顺讲得一清二楚，然后又让我们每天朗读背诵口诀。多年以后，我才知道，字要写得好看，笔画笔顺不能写错。今天我的字也写得不错，但这一切仍然要归功于道添老师。美勇老师教算术时，我记得最清楚的是，他让我们大家朗读乘法口诀，上课时大家放开喉咙大声读，让人仿佛置身于语文课中。到最后可想而知，口诀自然也是倒背如流了。

那时候，我的学习成绩优异，其实我并不聪明，只是我喜欢上他们的课罢了。每天傍晚，我都会搬一条板凳当作书桌，再搬一条小凳子，认认真真做作业，不做完便不吃饭。这时候，我的祖母总会说，勤心读书会做官。有一个同学叫光章的，住在同一个院子，他在上房，我在下房。光章的大姐非常关心光章的学习，每次考试以后，他的大姐总要偷偷问我考几分。似乎我每次都会考得比光章好两三分，而每次光章似乎都被他的大姐骂一顿。光章的父亲是理发的，母亲是聋哑人。但就在这个家庭，恢复高考后，光章和他的哥哥同时考上大学，他的哥哥考上了厦门大学，而光章考上了钢铁学院。

因为我那时学习良好，所以道添老师和美勇老师也特别喜欢我。记得有一次，我得了麻疹，道添老师让我回家养病，足足有三四天。而在这几天里，道添老师怕我功课到时跟不上，竟然连新课都不上了。至今想来，我仍然感激道添老师。美勇老师有时会跟我开玩笑，有一次在办公室里，他问我，男人和女人有什么区别？我的回答是，女人有长发，男人没有。办公室里的老师都笑了，美勇老师也笑了，我也傻傻地跟着笑。美勇老师经常在上课的时候表扬我字写得好，答题认真，因此将我的试卷张贴在墙上让同学们学习，这样的举动又不断增强我的学习信心。

我幼年时曾经得过一场大病，我的父母起先怀疑我的学习能力，可是我的祖父几次将我的学期成绩单寄给他们后，他们终于对自己的判断发生了动摇，从此以后不再怀疑了。其实那时根本没有人逼我读书，老师的教学也很宽松，学生没有考试压力，祖父、祖母和我的父母也不指望我书读到哪里，但是我就是喜欢读书，每天都盼望着道添老师和美勇老师能给我上课，并且最好没有星期天。

那时候，没有上课的日子更值得我怀念。我会跟着小伙伴爬到山上去抓地鳖虫。地鳖虫，一种中药材，长得与蟑螂差不多，但个头比蟑螂小，全身光滑，深棕色，生活在石缝里或石头下。我们或用铁钩

魁山侨屋漫话

将地鳖虫从石缝里钩出,或搬开石头直接捕抓,一个上午可以抓到一小袋,然后卖给药材商。有一次几个人搬开一块大石头,里面的地鳖虫密密麻麻,大伙欢呼雀跃,抓也抓不完。还有一次,我翻开一块石头,其中竟然有一条小蛇,吓得我一溜烟跑了。

　　没事的时候,还可以去扒柴。说是柴,其实就是落在地上的松针,颜色是枯黄枯黄的,放进灶里一燃即着。我和小伙伴们往往一去就是一个上午,扒满一箩筐背在身上回家,这时候,祖母是满心的欢喜,一个劲地赞扬我,我也真切地感受到了劳动的无上光荣。最喜欢做的事是抓鱼。抓鱼不用走很远的地方。在我的祖屋的背后,有一条小渠。这条小渠通向池塘。我们会选取一段小渠,在首尾筑起一条"水坝",将其中的水舀干,鱼虾就直接暴露在我们面前,任凭我们抓捕,那种快乐无法用言辞表达。

　　时光荏苒,几十年弹指之间。我们再也不可能回到少年时代了,但是我仍然无比怀念那个已经逝去了的似乎很遥远的时代。

走进央视

姚 斌

2016年6月11日,是一个值得永远记住的日子。因为这一天,东源华侨民居终于走进了央视,走向全世界。

《远方的家》是央视重点打造的一档旅游文化专题品牌栏目,其栏目播出覆盖全球一百二十多个国家和地区,拥有广阔的收视市场和稳定的目标受众。继《沿海行》《百山百川行》《江河万里行》等七个系列之后,该栏目当年又推出《一带一路》系列专题。栏目组于6月初就来莆召开选题策划会,并深入莆田市各县区寻找线索和选题。在众多的选题中,东源华侨民居成功突围入选。这个突围意义重大,标志着隐藏在山里边的华侨民居终于能够展现出它独有的魅力,走向全世界。

许多年前,就有媒体报道过东源华侨民居,但是没有引起人们足够的重视。2015年4月,我接受村镇的重托——将华侨民居做一个成系列的简介。那时东源华侨民居还是冷冷清清的,深藏闺中人不知。当我将一座座民居通过微信展示在世人面前时,居然惊艳了四方。随着"幸福家园"试点建设的逐步深入,现在每天都有数百人到东源观光,节假日则有数千人之多。东源华侨民居被列入精品观光旅游景点。

魁山侨屋漫话

福泉古驿道"入莆第一村"——东大村（东大村供图）

东源蒜溪桥（江口镇供图）

我从未想到东源华侨民居竟然能够走进央视国际频道品牌《远方的家》栏目，但它真的就走进了。这个摄制组由编导刘雪瑞带队，孙亚鹏任节目主持人，另外还有两位摄影师、两位司机。上午九点多，他们就开始工作，一直到傍晚六点多，中间没有休息，这让我真切感受到了《远方的家》制作的不易。

由于天公不作美，时晴时雨，整个上午拍摄进展非常缓慢。民居中只完成姚万丰大厝也就是"五哥六角亭"的拍摄和讲解。姚万丰大

厝建造的时间跨度最大。姚孔誉（也就是五哥）第一次动建的时候，用材和建造工艺都比较粗糙。1926年，五哥侄儿姚万丰从南洋拨来巨款，将五间厢大厝重新拆除翻盖。这一次用材大、工艺精，还在原来的基础上加高了一大截。几年后，五哥长子姚友谅回国，在楼房的南侧两端，分别兴建了洋楼式的六角亭，并高出旁边的三间厢房，成为一对醒目的六角楼。

中午时分，我们来到蒜溪采摘园，要在这里完成对"江口卤面"的拍摄任务。江口卤面是莆田最有名的一道美食。身居

姚万丰大厝"五哥六角亭"（朱少钦摄）

215

魁山侨屋漫话

海外的游子回到家乡第一件要做的事,就是吃江口卤面。而江口卤面也走出江口、走向世界,不少在海外开江口卤面店的人也因此致富。

面条看似容易煮,但是要煮得入味很难。煮江口卤面时,要用很多原料和作料,像干贝、虾仁、蛏干、香菇、鱿鱼干、瘦肉、鸭蛋、地瓜粉、蒜头等,这些都必不可少。还要掌握火候和水分,都要恰到好处。制作江口卤面的厨师叫陈文瑞,他自己也开了一家饭店。拍摄这个节目花的时间很长,一直到下午两点多才结束。等我们大家吃完江口卤面午餐后,已经过了三点。

下午拍了两个节目,一是文德楼,一是姚丰隆大厝。文德楼始建于1932年,是姚文德及其五兄弟所建。该楼房采取中西合璧的建筑形式,独具异国情调,二层有一个攒尖亭子,三层则有一对攒尖亭子,亭子中间有山花,错落有致,相映成趣,具有浓厚的西洋色彩,出自美国建筑设计师之手,造型既新奇浪漫又庄严雄伟、既清新淡雅又新

沉浸在节日喜庆里的文德楼(朱少钦摄)

| 姚丰隆大厝（百廿间）（蔡昊摄）

颖别致。文德楼是一座钢筋混凝土结构的住宅，据说当年造价为六万银圆。

姚丰隆大厝建造于1926年，由姚丰隆及其三兄弟所建。姚丰隆大厝由两座五间厢一前一后排列，两边加双层护厝，一直延续至下间双层三间厢。整座大厝呈左右对称的一个三合院、一个四合院组合，气势雄伟，蔚为壮观。姚丰隆大厝又叫百廿间，当年有一支军队驻扎其中，由于数不清大厝房间数目，随口称有一百二十间，后来就以讹传讹。守房主人告诉我们，大厝的实际房间数目应该是八十八间。

东源华侨民居共有三十余座，这三座是其中的代表，已成为东源华侨民居的标志性建筑物。另外还有四座也各具特色，但因当年尚未对游客开放，未能入选，十分遗憾。不过，东源华侨民居毕竟以她的华丽身姿走进了央视，走向了全世界，就这一点而言，很值得庆贺。

魁山侨屋漫话

后 记

  这本小书的文字曾经历了三年时间的努力，本在几年前就该出版了，然而由于诸多原因拖延至今。如今，我基本上完成了东源华侨民居的写作任务，书写了东源华侨民居建造史以及创业史的冰山一角，现在大概可以补写后记了。

  在采访的过程中，我得到广大父老乡亲和地方党政领导的大力支持和无私帮助，在此我表示衷心的感谢！没有他们的热心支持，我将一事无成。他们提出不少很好的建议，让我少走了一些弯路，这些都让我深为感动，促使我决心挥写这浓墨重彩的一页。不过，由于我的文笔水平有限，实难表达出其中精彩部分之一二。

  本书终于要出版了。唯一的遗憾是章汉先生因为身体原因无法为本书作序。于是，这个作序的任务就落在了陈道成先生的身上。道成现任莆田市政协副主席，他也是从东大村走出来的人，熟悉家乡的事物，无疑是目前的最佳人选。章汉的儿子陈骋可谓"子承父业"，在本书的出版过程中倾心尽力。在此，我向他们致以崇高的谢意！

  从1892年开始，一百多年来，东源人为了摆脱贫困，告别亲人，前赴后继，不惜以身涉险，背井离乡，万里迢迢，漂洋过海，远赴南洋。他们在异国他乡白手起家，艰苦创业，备尝艰辛，成就了一部部商业传奇，但其中的苦难和伤痛却鲜为人知，其中的故事大都湮没在历史的尘埃里。

东源华侨民居据统计有三十三座，但也有三十八座之说。目前能够寻找到其后人或知情者，载入史册的有三十余座。有些民居已被毁坏；有些民居已被翻新；有些民居因为托管于他人，已无法得知其建造者以及始建情况。但无论如何，东源华侨民居已经形成一个集群，如此集中的民居或传承传统或中西合璧，在整个莆田市乃至福建省都不多见，是研究一百多年莆田华侨创业史不可多得的实物，颇具历史价值和文化价值。

由于当年的历史见证人逐渐凋零，这使得我的采访遇到了极大的困难。东源村年纪最大的见证人是姚善道先生，那时他已经九十高龄了。可喜的是他的精神状态相当好，还能回忆出当年华侨鼎盛时期发生的事件。他清楚地记得当年姚丰隆公子结婚时的盛大场面；他还清楚地记得当年东源村有两支手枪队，男女各一支；他还记得那时东源村已经能够发电，在姚丰隆和姚万丰等的大厝里已经用电灯照明……许多不解之谜几乎都可以在他那里得到答案。对于我而言，他就是一部活字典。在此我对他致以崇高的敬意！

黄水英老人，当年我采访她的时候，她已经抱病在身，但还是接受了我的采访。她对我讲述金榜楼的历史，以及她坚守金榜楼的历程。她的热情接待让我终生难忘。遗憾的是，我尚未完成本书的撰写，姚善道老人和黄水英老人就前后仙逝了，他们再也看不到结集成书的那一天。我只能以无限的怀念记住他们。

魁山侨屋漫话

　　我的伯父姚道进，我的父亲姚道义，他们都出生在南洋。因为一整部东源华侨创业史几乎都与我的家族紧密相关，他们又与那些创业者有过密切接触，因此能够提供出比较翔实的资料，本书有相当部分的内容就出自他们的口述。姚珍妹女士是姚裕宝姚裕成家族的后人，这个家族较早到达南洋，围绕着他们有过一些传奇，但流传至今的不多。姚珍妹目前居住在香港，她很热心，不厌其烦地数次与我通话，提供了不少宝贵的资料。在此我对他们一并表示最崇高的敬意！

　　另外，还要非常感谢姚孙章、姚道辉、陈天福、姚紫腾、姚子禄、姚春华、姚春辉、姚辉榜、姚文贤、江友贤、姚德兴、姚志勇、姚友俊、姚明珠、姚孙勇、姚振明、姚智廉、卢天祥、陈丽华、陈丽仙、姚子金、卢德珠、卢国柱等。他们在百忙之中接受我的采访，知无不言、言无不尽，让我无比感动。也特别感谢村领导，他们在我采访时提供了诸多方便，热情鼓励我写作。

　　魁山青青，蒜溪潺潺。东涧淙淙，源远流长。我所做的不过是一个开头，仍然只是浮光掠影，许多真相依然沉没在历史的烟云中。因此我热切期待后来者能够继续开拓研究下去，还原历史的真相，让一部东源华侨创业史熠熠生辉，让东源华侨文化不断传承，让东源华侨民居巍然屹立于一个又一个世纪的风雨中！

图书在版编目(CIP)数据

魁山侨屋漫话 /姚斌著. —福州：海峡文艺出版社，2024.7
ISBN 978-7-5550-3613-5

Ⅰ.①魁… Ⅱ.①姚… Ⅲ.①侨乡－民居－建筑艺术－莆田 Ⅳ.①TU241.5

中国国家版本馆 CIP 数据核字(2023)第 248421 号

魁山侨屋漫话

姚　斌　著

出 版 人	林　滨
责任编辑	陈　婧
出版发行	海峡文艺出版社
经　　销	福建新华发行(集团)有限责任公司
社　　址	福州市东水路 76 号 14 层
发 行 部	0591－87536797
印　　刷	福州力人彩印有限公司
厂　　址	福州市晋安区新店镇健康村西庄 580 号 9 栋
开　　本	787 毫米×1092 毫米　1/16
字　　数	175 千字
印　　张	15
版　　次	2024 年 7 月第 1 版
印　　次	2024 年 7 月第 1 次印刷
书　　号	ISBN 978-7-5550-3613-5
定　　价	78.00 元

如发现印装质量问题，请寄承印厂调换